尚锦手工欧美经典编织系列

迷上曼陀罗钩编

〔美〕哈弗纳·林森 / 著
苏莹 / 译

中国纺织出版社有限公司

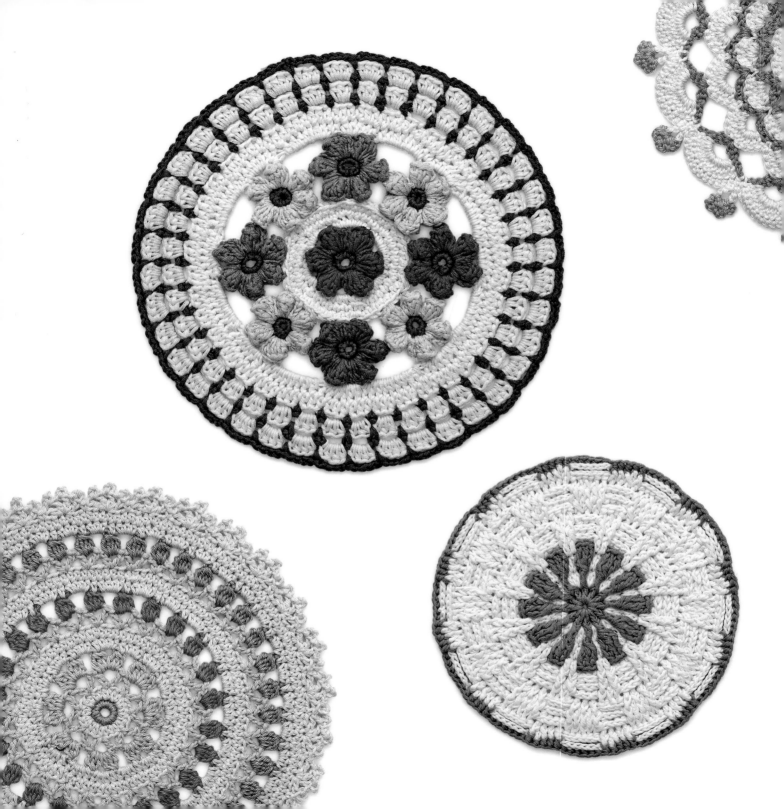

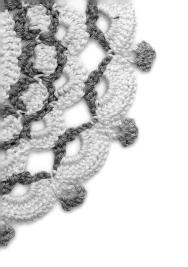

迷上曼陀罗钩编

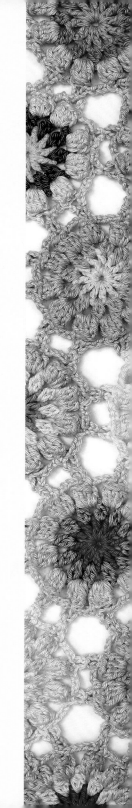

原文书名：Hooked On Mandalas: 30 Great Patterns To Crochet

原作者名：Haafner Linssen

Copyright ©2016 Quarto Publishing plc.

本书中文简体版经Quarto Publishing plc授权，由中国纺织出版社有限公司独家出版发行。本书内容未经出版者书面许可，不得以任何方式或任何手段复制、转载或刊登。

著作权合同登记号：图字：01–2016–8953

图书在版编目（CIP）数据

迷上曼陀罗钩编 /（美）哈弗纳·林森著；苏莹译
. -- 北京：中国纺织出版社有限公司，2024.1
（尚锦手工欧美经典编织系列）
书名原文：Hooked On Mandalas: 30 Great Patterns To Crochet
ISBN 978-7-5229-0987-5

Ⅰ . ①迷… Ⅱ . ①哈… ②苏… Ⅲ . ①钩针—编织
Ⅳ . ① TS935.521

中国国家版本馆 CIP 数据核字（2023）第 170724 号

责任编辑：刘 茸　　　特约编辑：刘 博
责任校对：王花妮　　　责任印制：王艳丽

中国纺织出版社有限公司出版发行
地址：北京市朝阳区百子湾东里 A407 号楼　邮政编码：100124
销售电话：010—67004422　传真：010—87155801
http://www.c-textilep.com
中国纺织出版社天猫旗舰店
官方微博 http://weibo.com/2119887771
北京华联印刷有限公司印刷　各地新华书店经销
2024 年 1 月第 1 版第 1 次印刷
开本：710×1000　1/12　印张：10.5
字数：203 千字　定价：78.00 元

凡购本书，如有缺页、倒页、脱页，由本社图书营销中心调换

目录 CONTENTS

本书的使用方法

本书在重点讲解曼陀罗花样的同时，还提供了更多更丰富的内容，主要包括：钩织基础、花样详解和七款可爱的曼陀罗创意作品。

钩织基础（第10~25页）

也许面对丰富多彩的曼陀罗花样您早已跃跃欲试，也许您对钩织技法了如指掌，但还是希望您能够花一点时间认真阅读这部分内容。您将了解到有关后续花样的重要信息和说明，以及钩织出完美曼陀罗花样的种种诀窍。此外还对钩织基础针法进行了简单回顾，内容涵盖了钩织本书花样所需的所有针法和技法。

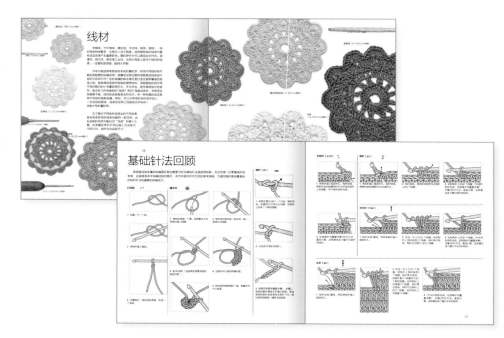

经典曼陀罗花样（第26~35页）

面对如此多姿多彩的曼陀罗花样，选择恐惧症顿时爆发了吧！通过浏览超大号曼陀罗图片，将不同花样尽收眼底，相信您中意的款式定会瞬间脱颖而出。这有助于激发您的灵感，帮助您查找最适合自己的款式，获取最佳图形与配色方案。

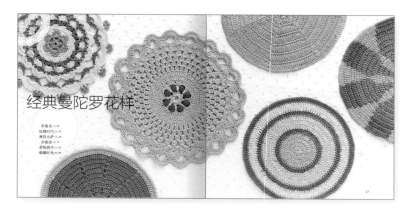

曼陀罗花样详解（第37~105页）

　　本书的核心部分由30款华丽的曼陀罗花样构成，款款附带超清花样图解和精美成品展示，帮助编织者轻松完成作品。书中将不同的曼陀罗款式分为"基础花样""经典花样""花朵花样"和"个性花样"四大类，以便编织者可以自由选择适合自己的起点。

入门必读！

　　本书第16、17页提供了曼陀罗花样的不同起针方法，以及每圈起针和收针的方式与位置。由于起针和收针的方法会对曼陀罗成品产生重要影响，建议您耐心阅读这部分说明。

该款曼陀罗款式所属类别。

适用的钩针型号和预计成品尺寸。D-3（3.25mm）号钩针建议搭配中细精纺线，E-4（3.5mm）号钩针建议搭配中粗精纺线。

钩织前的注意事项。

彩色的基础钩织单元花样图解。重点研读这一区域的钩织方法有助于厘清思路，避免因基础单元的大量重复而感到混乱。

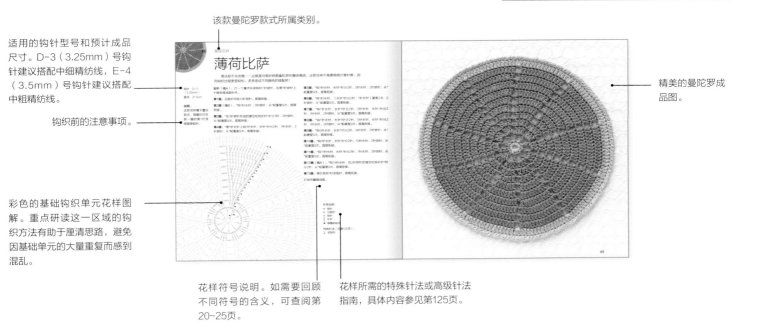

精美的曼陀罗成品图。

花样符号说明。如需要回顾不同符号的含义，可查阅第20~25页。

花样所需的特殊针法或高级针法指南，具体内容参见第125页。

创意曼陀罗成品所选基础花样的缩略图。

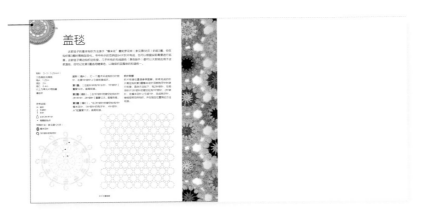

创意作品（第106~123页）

　　独立的曼陀罗织片已然十分美丽，那么还能利用曼陀罗创造更多的美好吗？这部分不仅会帮助您将钩织好的曼陀罗织片转化为更加精美而独特的家居用品或时尚饰物，同时还会为您提供创作此类作品所需的灵感、方法、花样和拼接结构图。

　　符号与缩写说明参见第124、125页。

欢迎来到我的钩编世界

我叫哈弗纳，是一名手工匠人、设计师、博主，当然，我也是一位钩编爱好者。虽然定居荷兰，但平时酷爱旅行，时常四海为家。

我的灵感来源十分广泛：花朵、大自然、图书、艺术作品、复古面料、瓷砖、各种纹理和色彩、不经意间路过的街角……任何事物和环境都有可能为新设计带来灵感。希望书中的曼陀罗织品能够充分展现我对美好与新奇事物的由衷热爱。

通过钩编手工艺品与世界各地的人们交流令我感到欢欣鼓舞。我们共同分享花样和灵感，时常会遇到与自己志趣相投的人。对手工创作的热爱跨越国界，消除了人与人之间的隔阂。看到手工艺产业的复兴和人们对手工艺品重拾的尊重和认同，令我振奋不已。

大学期间主修的艺术与文学专业更加深了我对美学的热爱。自从几年前第一次拿起钩针，我对钩织的痴迷便一发不可收拾。这种技艺的用途如此广泛，只依靠几种简单的针法便可塑造出令人惊艳的作品。当然，钩织中精美且质感十足的纹理效果也可以靠微妙复杂的针法塑造。我热衷于探索各种不同的针法与技巧，因而本书花样所涉及的针法也较为丰富多样。

对钩织的热爱与对绚丽毛线的热爱密不可分，相信许多读者也颇有同感。

很高兴将我的第一本钩织书呈现在你们手中，希望这本书对不同水平的钩织爱好者同样具有吸引力，同时也愿读者朋友们在动手钩织这些花样时能够乐在其中，像我在为你们设计这些款式时一样。

祝编织愉快！

哈弗纳·林森 HAAFNER

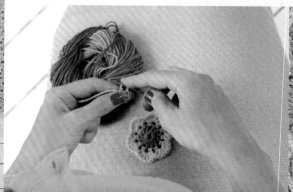

圈圈环绕：曼陀罗的由来

　　"曼陀罗"在梵语中是圆形的意思。目前在艺术与手工艺领域，曼陀罗已成为环形或圆形（多呈对称放射图案）图案的通用术语。

　　在印度教和佛教中，曼陀罗还具有特殊的宗教含义，表示佛陀或整个宇宙。曼陀罗的不同位置具有不同的象征意义。例如在佛教中，它的外环通常象征着智慧。

　　近年来，曼陀罗在全世界范围内流行开来，且多用于非宗教领域，如在极具创意的圆形出口处用作装饰。钩织曼陀罗的过程会令人感到身心放松，有时甚至产生冥想般的治愈效果。

　　在现如今的钩织圈内，曼陀罗一词被广泛用于指代圆形图案，通常所说的圆形桌垫与蕾丝曼陀罗之间差异不大。

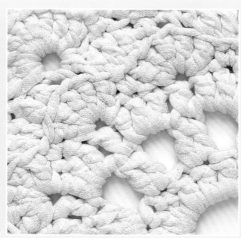

相信许多读者都已迫不及待地拿起钩针，跃跃欲试了吧，但在正式开始钩织自己的第一件曼陀罗作品前，还是建议您阅读一下本章节的内容。通过这部分内容，您将了解到书中的各款花样提供了哪些信息，如何呈现最完美的曼陀罗钩编效果，同时温习和巩固一些基础钩编技法。

钩织基础

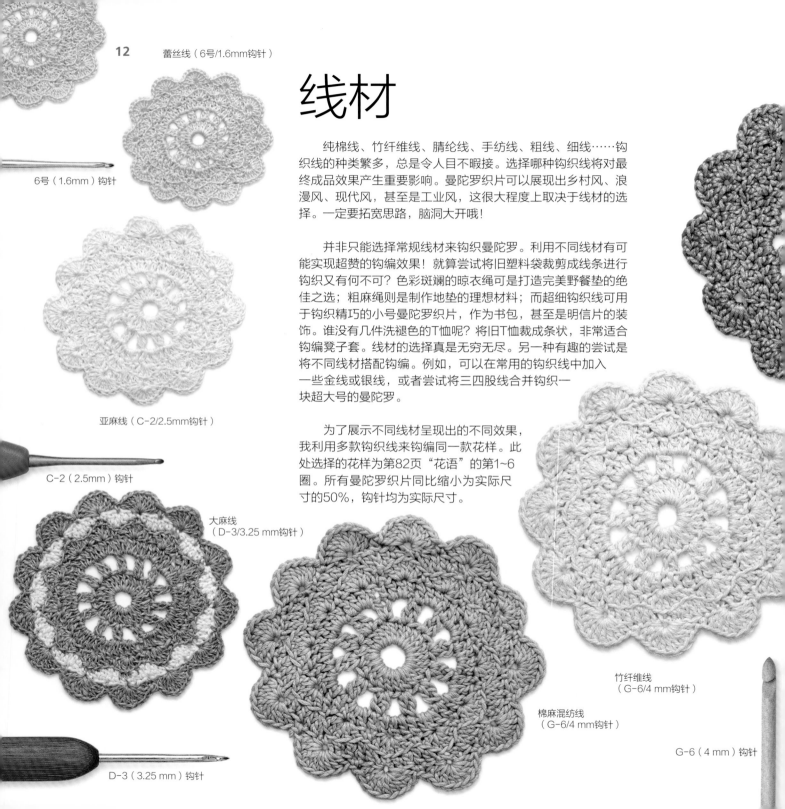

蕾丝线（6号/1.6mm钩针）

6号（1.6mm）钩针

线材

纯棉线、竹纤维线、腈纶线、手纺线、粗线、细线……钩织线的种类繁多，总是令人目不暇接。选择哪种钩织线将对最终成品效果产生重要影响。曼陀罗织片可以展现出乡村风、浪漫风、现代风，甚至是工业风，这很大程度上取决于线材的选择。一定要拓宽思路，脑洞大开哦！

并非只能选择常规线材来钩织曼陀罗。利用不同线材有可能实现超赞的钩编效果！就算尝试将旧塑料袋裁剪成线条进行钩织又有何不可？色彩斑斓的晾衣绳可是打造完美野餐垫的绝佳之选；粗麻绳则是制作地垫的理想材料；而超细钩织线可用于钩织精巧的小号曼陀罗织片，作为书包，甚至是明信片的装饰。谁没有几件洗褪色的T恤呢？将旧T恤裁成条状，非常适合钩编凳子套。线材的选择真是无穷无尽。另一种有趣的尝试是将不同线材搭配钩编。例如，可以在常用的钩织线中加入一些金线或银线，或者尝试将三四股线合并钩织一块超大号的曼陀罗。

为了展示不同线材呈现出的不同效果，我利用多款钩织线来钩编同一款花样。此处选择的花样为第82页"花语"的第1~6圈。所有曼陀罗织片同比缩小为实际尺寸的50%，钩针均为实际尺寸。

亚麻线（C-2/2.5mm钩针）

C-2（2.5mm）钩针

大麻线
（D-3/3.25 mm钩针）

D-3（3.25mm）钩针

竹纤维线
（G-6/4 mm钩针）

棉麻混纺线
（G-6/4 mm钩针）

G-6（4 mm）钩针

涤纶线（G-6/4 mm钩针）

腈纶棉混纺线（H-8/5 mm钩针）

H-8（5 mm）钩针

黄麻绳（N-15/10 mm钩针）

布条
（N-15/10 mm钩针）

N-15（10 mm）钩针

13

配色技巧

不同配色会带来怎样的效果呢？多数人都拥有自己对色彩的偏好，也总想尝试不同的色彩，却每每发现最终还是选定自己熟悉的搭配。也有些钩织爱好者并没有强烈的色彩偏好，或正在探寻自己的喜好和配色方案。有时对一种颜色的喜爱只是因为这种颜色会勾起某种美好的回忆。当然，对色彩的偏好也会随着时间而改变，当自身发生某些变化或流行趋势发生变化时，个人喜爱的颜色也会随之而变。

配色实验

曼陀罗是探寻个性配色方案或尝试新配色的绝佳选择，因为小巧的曼陀罗织片易于完成，且适于搭配任何颜色。现在来一起深入研究几款不同的配色方案，包括：纯色搭配、糖果色搭配、亮彩色搭配、柔彩色搭配和渐变色搭配。有一点要切记：有时一种颜色单独使用并不讨人喜欢，但却能为自己熟悉的配色方案锦上添花。

为了展现不同的配色效果，书中利用了多种配色方案来钩编同一款花样。此处选择的花样为第82页"花语"的第1~6圈。这些曼陀罗织片均采用丝光棉钩织线和D-3号（3.25mm）钩针，以实现最佳的配色效果对比。

打造个性配色方案

确定配色方案并非只是选择颜色那么简单。书中不仅将不同颜色应用于曼陀罗织片，更要依据不同的配色方案来确定变换颜色的具体位置。换色位置的不同将令最终作品呈现出截然不同的视觉效果。

例如，可以对粉、白、褐三色曼陀罗（A）和黑白双色曼陀罗（B）做个比较：

在A中，第3、4圈采用同一种颜色，但第5、6圈选用了不同颜色，使第6圈形成边框效果，仿佛将曼陀罗"闭合"起来。

在B中，第3、4圈采用相同颜色，第5、6圈采用另一种颜色。这样，第5、6圈与第3、4圈形成镜像效果，看起来仿佛不是四圈曲线环，而是两大圈曲线环。

曼陀罗C（亮彩糖果色）每圈都选用不同颜色，形成色彩鲜明的成品效果。与其他款式相比，这款曼陀罗每圈之间在配色上缺乏连续性，但整体效果却更显活泼，同时营造出微微的复古风。

请认真观察这两页展示的所有曼陀罗图片，总结其配色和换色方法对织片整体设计的影响

A. 褐色与粉色形成经典搭配，营造出甜美复古风

B. 黑白配给人留下鲜明、高贵的印象

E. 多种蓝色调组合出更加丰富的视觉效果，不同色调间结合得十分完美

F. 这款柔彩糖果色搭配方案与此前的亮彩色系迥然不同，更显优雅精致

C. 亮丽的糖果色系令这款曼陀罗分外悦目，再现20世纪50年代复古风

D. 纯白织片可以呈现时尚感，这里还混搭了少量银色线

G. 红与粉的火热碰撞为作品注入更多活力

H. 渐变的钩织线格外引人瞩目，也因而更具活力，与纯色线搭配效果极佳

15

入门必读

本书中花样的文字说明力求简洁明了，为避免出现歧义或误解，删减了一切不必要的内容，花样的展现形式也尽量便于读者核算针数。本节的内容和提示将帮助读者更好地理解后续书中出现的花样，同时，书中介绍多种曼陀罗钩织方法。建议在动手钩织前认真阅读这部分内容。

起针方法

书中的所有款式均可采用两种起针方法：一是魔术环起针法；二是锁针环起针法，即钩织数针锁针，然后以引拔针衔接成起针环的方法。两种方法不分优劣，可以分别体验不同方法，从中选择自己最喜欢的一种。书中的每款花样均会注明起针环所需的锁针数。

注意书中的所有花样均展示为锁针环起针法，均可根据自己的喜好，替换为魔术环起针法。魔术环起针法的符号如下，仅供参考（该符号可能存在不同形式）。

两种起针法的具体说明请参照第20页的步骤指导。

锁针环：按照图示要求钩织相应针数的锁针，以1引拔针衔接成环状。

魔术环：该图标为魔术环标志。请在其他花样中注意该标志。

首尾衔接法

正如编织者可以自由选择曼陀罗的起针方法一样，也可以在每圈起始处选择自己喜爱的衔接方法。推荐采用立针法（另线按正常针法钩1针），因为这种方法可完美实现每圈的无缝衔接。尽管没有专门针对立针的钩织符号或缩写，在花样中一般也不会具体展示，但这仍是一种十分有效的钩织技巧。

由于不存在立针的标准钩织符号，为了便于理解，本书花样均按照下图范例中展现的方法来表示每圈的起始位置。

在每圈起始处，除可以选择立针起针的方法，也可以选择锁针起针的方法。采用立针起针法还是锁针起针法完全取决于个人偏好。在采用锁针起针时：以1锁针代替1短针，2锁针代替1长针，3锁针代替1长长针。

若编织者习惯在每圈起始处采用锁针起针，建议以2针锁针代替1针长针（而非通常采用的3针锁针），因为2针锁针会令衔接效果更加紧密整齐，而3针锁针则会产生较明显的衔接缝隙。

立针（另线按正常针法钩1针）的钩织方法请参见第23页。

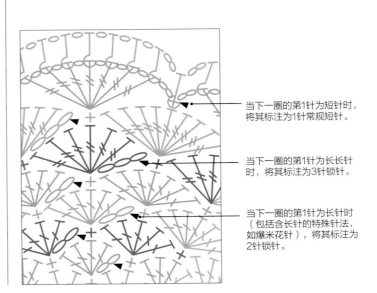

当下一圈的第1针为短针时，将其标注为1针常规短针。

当下一圈的第1针为长长针时，将其标注为3针锁针。

当下一圈的第1针为长针时（包括含长针的特殊针法，如爆米花针），将其标注为2针锁针。

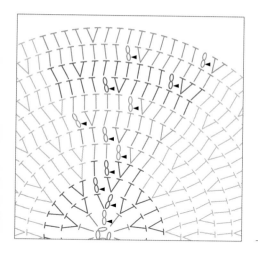

如何确定每圈的起始位置

在确定了每圈的起针方法后，如何确定每圈的起始位置呢？在本书的花样中，基本没有将每圈的第1针标注在前一圈第1针的正上方，而是微微错开。如果编织者习惯在前一圈的第1针上直接开始钩织下一圈，那么完全可以依照自己的习惯来操作。具体说明请参见第18、19页"完美曼陀罗钩织窍门"。

收针方法

在曼陀罗钩织完成时需要进行收针。引拔针是衔接钩织环最常用的方法，此外，还可以利用缝合针进行收针。我个人更偏爱后者，因为衔接缝几乎可达到隐形效果。请参考第24、25页对两种收针方法的说明，并分别进行尝试，然后选种自己喜爱的方式进行收针。具体说明请参见第18、19页"完美曼陀罗钩织窍门"。

注意用于标记每圈起始点的箭头，每圈的起始锁针（或立针）略有错位，而非相互垂直堆叠。

花样

本书对整体花样进行了分割，仅将其中一部分标注为彩色形式，方便读者理解。

在按照花样图解进行环形钩织时，编织者很难时时找准自己的钩织位置，要分析出花样中不断重复的独立单元更非易事。在钩织花样的过程中，跟丢自己的钩织位置，最令人懊恼不已，尤其是在钩织大幅曼陀罗时。不仅如此，大幅曼陀罗花样还常常令人望而生畏，时常有人被花样的复杂程度吓得不敢动手。相信我，这些花样并没看起来那么难！所有花样都可以分解成难度不大的重复单元。

在使用如图所示的分解花样时，无须整圈跟读花样，也不必时时寻找自己的钩织位置。只需查看重复单元的起始点，了解整幅曼陀罗花样与重复单元之间的组合关系即可。

每圈至少有一个单元花样展示为彩色形式，因此只需专注于这一小块区域即可。

花样的其余部分均显示为灰色，以便了解单元花样与曼陀罗整体图案之间的构成关系。

起始数圈由于重复次数较少，全部展示为彩色形式。

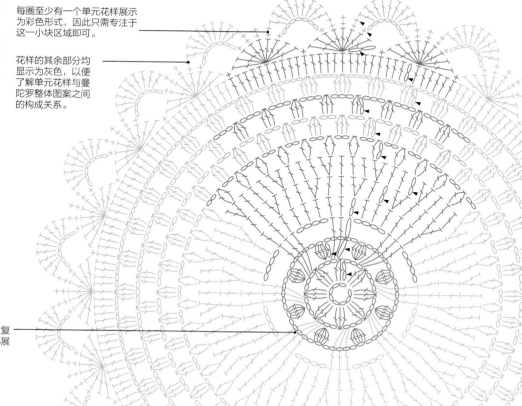

完美曼陀罗钩织窍门

钩织一片曼陀罗织片不需要太多时间。因此，更应当将注意力集中于细节的处理。一件普通的钩织作品与一件小小的艺术品之间最大的差异就在于细节是否完美。本节介绍的各种窍门和方法将帮助编织者钩织出百分百圆润整齐的曼陀罗织片，一定会为自己的作品感到骄傲和自豪！

前文中介绍了钩织曼陀罗的不同方法，包括：如何起针、每圈的起立针位置和方法，以及每圈的首尾衔接方法。在上述钩织过程中，编织者尽可依照自己的偏好和习惯，采用自己认为最舒适的钩织方法。当然，在实际应用中，确实有一些方法更有助于确保曼陀罗达到正圆的标准！建议多多尝试各种方法，争取创作出真正完美的曼陀罗作品。

下图中，右侧的曼陀罗织片在每圈起始处均采用3针锁针起针，且每圈都在同一位置起针和加针，以引拔针衔接。而如果每圈均采用立针错位起针的方法，并以毛线针进行衔接，则成品会呈现出左侧曼陀罗织片的效果。注意两者的区别。

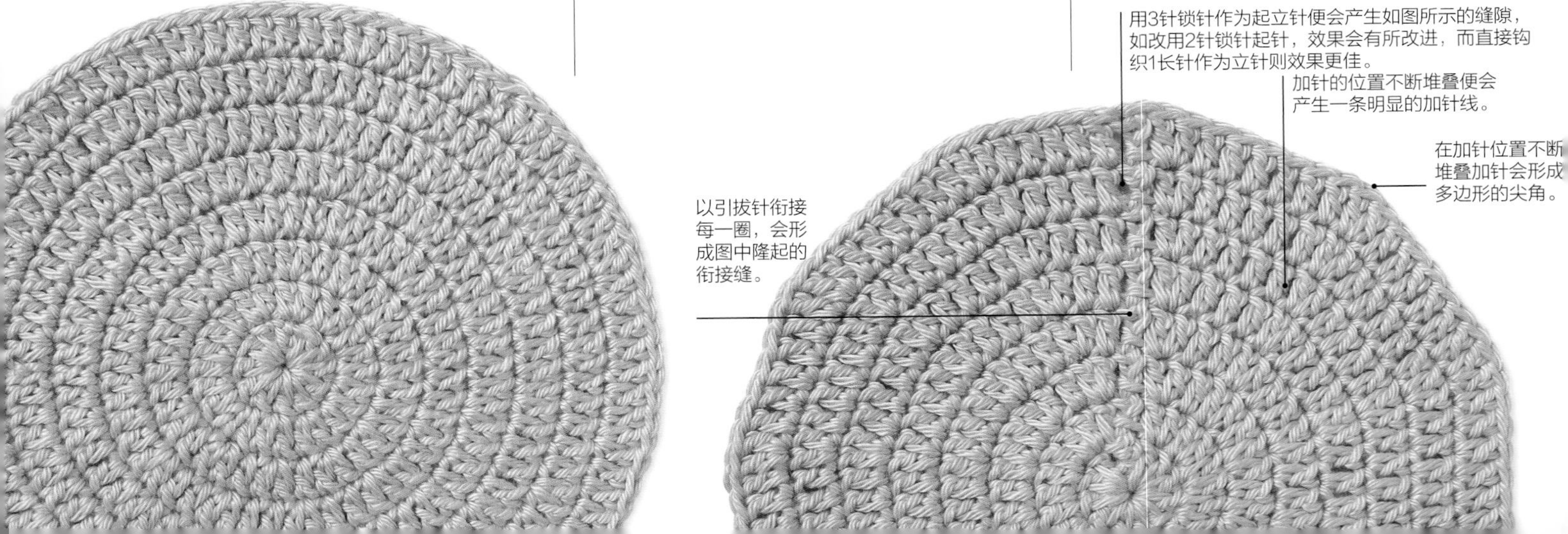

无缝起针方法

每一圈的起针位置和方法至关重要。如希望自己的曼陀罗达到最完美的外形效果，那么每一圈的第1针不要重叠在上一圈的第1针位置上，而应选择错位钩织，这样可以确保衔接位置与其余部分完美相融，织品上不会呈现出一条突兀的衔接缝。这种方法尤其适用于图案紧密的圆形，例如第42页的"多彩圆环"。对于蕾丝图案而言，此类问题并不突出，因为衔接缝本身就不明显，例如第78页的"叶片蕾丝"。选择每圈错位起针的方法还有助于确保曼陀罗织片保持正圆形状，避免出现尖角。

同样，每圈均采用立针（另线按正常针法钩1针）而非一串锁针的起针方法更有助于实现真正的无缝起针效果。

隐形衔接缝

在前面还探讨了圈尾收针的不同方法。当然，编织者完全可以按照自己的偏好来操作，引拔针衔接的方法也确实更加普遍，但对于有些图案而言（通常是图案紧密的款式），引拔针收针的方法会形成一条明显的衔接缝，不够美观。在钩织此类款式时，如果利用毛线针进行无缝衔接，则会达到更加美观整齐的成品效果。具体方法请参见第25页。

以引拔针衔接每一圈，会形成图中隆起的衔接缝。

用3针锁针作为起立针便会产生如图所示的缝隙，如改用2针锁针起针，效果会有所改进，而直接钩织1长针作为立针则效果更佳。

加针的位置不断堆叠便会产生一条明显的加针线。

在加针位置不断堆叠加针会形成多边形的尖角。

加针方法

钩织圆形织片的基本方法是逐圈加钩相同针数。通过这种方法钩织出的圆形织片平整均匀。通常情况下，由短针构成的圆形在第1圈起6针，后续每圈增加6针。据此方法，前5圈的针数应分别为：6针、12针、18针、24针，至第5圈的30针，以此类推，加针应沿圆形曼陀罗均匀分步。

利用长针钩织的圆形织片第1圈应由12针构成，后续每圈增加12针。据此方法，前5圈的针数应分别为：12针、24针、36针、48针，至第5圈的60针，以此类推，直至钩织完成您所需的尺寸。

只要遵循上述每圈等量加针的方法，便可以根据需要对标准针数进行调整。例如：采用短针钩织圆形织片，第1圈起16针时，后续每圈应各加16针，每圈的总计针数应分别为：16、32、48、64、80，以此类推。需要注意的是，魔术环或锁针环越大，曼陀罗的圆心也会随之变大。

保持圆形织片平整的窍门

每一位钩编爱好者可能都有过这样的经历：自己的钩织作品无意间出现波浪状的褶皱（边缘变得过于松懈）或形成碗状（边缘向上翘起）。下面提供了一些解决此类问题的窍门：

如果作品开始出现褶皱，这表明织品的外圈过松，可尝试如下解决方法：

-环形起针时将魔术环扩宽或增加锁针数。

-更换较小号的钩针。

-根据花样特点，适量删减数针——最好选择删减锁针。

-可在花样标记的跳针位置多跳1针。

褶皱

如果您的作品开始呈现碗状，这表明织品的外圈过紧，可尝试如下解决方法：

-环形起针时将魔术环缩小或减少锁针数。

-更换较大号的钩针。

-自行增加数针（最好选择增加锁针）。

-可在花样标记的跳针位置少跳数针。

碗状

最后工序：调整塑形

对于多数曼陀罗款式而言，钩织完成后的调整塑形至关重要，其中包含许多方法和技巧。圆形织片的塑形过程略有难度，如果操作不当，圆形织片有可能会出现折角。

为曼陀罗塑形时，一种简单有效的方法是将曼陀罗织片放在干净、柔软的平面上，如毯子或毛巾上，用手轻轻拉拽整理，然后在上面覆盖一条湿毛巾（一定要确保毛巾洁净）。过一会儿，对已潮湿的曼陀罗织片进行检查，可视需要再次调整形状，之后再盖上毛巾，保持数小时（也可

持续一天），最后取下毛巾，让曼陀罗自然风干。这种方法尤其适合图案紧密的曼陀罗，以及带有圆形装饰边的图案。

如果曼陀罗织片带有尖角装饰边，则可沿着标准形状，利用珠针将织片固定在柔软平面上。喷少量水，视需要重复上述操作，最后令织片自然风干。

在需要快速定型时，还可以选择用熨斗熨烫的方式。但用腈纶（或腈纶混纺）线钩织而成的曼陀罗切勿使用熨斗。其他线材可否熨烫，请操

作前先查阅相应的毛线标签。轻轻拉拽织品至标准形状，然后用熨斗的蒸汽功能定型，等待织品自然风干。熨斗应与织品保持约2cm的距离，沿整片曼陀罗上方按顺序熨烫。切勿紧贴曼陀罗直接熨烫。

基础针法回顾

即使是经验丰富的钩编爱好者也需要不时对基础针法温故而知新。无论您是一位零基础的初学者，还是拥有多年钩编经验的高手，本节内容均可作为您的参考指南，方便您随时查阅最基础的钩织针法和重要的钩编技巧。

打活结 •

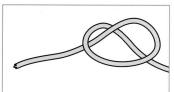

1. 如图，打一个结。

2. 将钩针插入绳结。

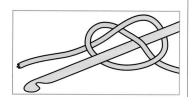

3. 手握钩针，轻拉线的两端，形成一个活结。

魔术环 ⊚

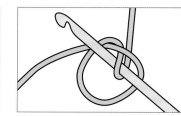

1. 将钩织线绕一个圈，按照箭头方向将钩针插入线圈。

2. 钩针挂住钩织线（较长的一端），将线引过线圈。

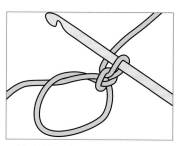

3. 钩1针锁针（或按照花样要求钩织相应针数）。

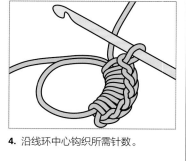

4. 沿线环中心钩织所需针数。

5. 轻拉钩织线较短的一端，将魔术环中心收紧。

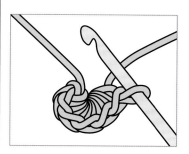

锁针（ch） ◯

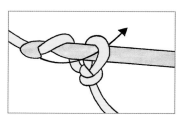

1. 按照左图方法打一个活结。钩针挂线，如图所示方向引出线圈，在钩针上形成一个新的线圈。

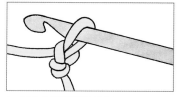

2. 已完成1针锁针的钩织。

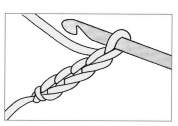

3. 按照花样要求重复步骤1、步骤2，每钩织数针便将左手随之前移，使当前钩织锁针始终保持在钩针下方。轻拉钩织线较短一端将活结收紧。

引拔针（sl st）   •

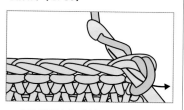

短针（sc）   ＋

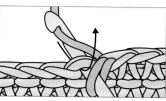
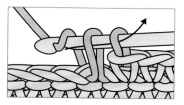
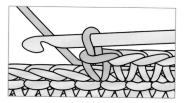

1. 将钩针插入指定针孔，钩针挂线，将新形成的线圈同时引过织品和钩针上的线圈。1针引拔针钩织完成。

1. 将钩针插入指定针孔，钩针挂线，将新形成的线圈仅引过当前针孔。

2. 钩针挂线，将钩织线同时引过钩针上的2个线圈。

3. 此时钩针上仅余1个线圈。1针短针钩织完成。后续每针均重复步骤1、步骤2所示方法，直至行尾，这样便完成了整行短针的钩织。

中长针（hdc）   ┳

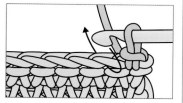
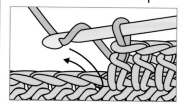
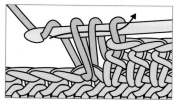

2. 后续每针均重复步骤1所示方法，直至行尾，这样便完成了整行引拔针的钩织。

1. 钩针先挂1圈线，然后将钩针插入指定针孔。

2. 在这一针上引出1个线圈。此时钩针上同时挂有3个线圈。钩针再次挂线，同时引过钩针上的3个线圈。

3. 此时钩针上仅余1个线圈。1针中长针钩织完成。后续每针均重复步骤1、步骤2所示方法，直至行尾，这样便完成了整行中长针的钩织。

长针（dc）   ╈

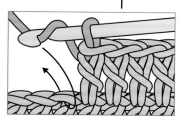
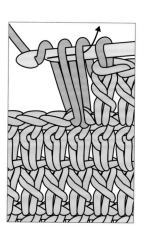
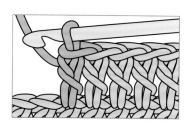

1. 钩针先挂1圈线，然后将钩针插入指定针孔。

2. 在这一针上引出1个线圈，使钩针上同时挂有3个线圈。钩针再次挂线，由钩针前2个线圈内引出1个新的线圈。此时钩针上仍保留2个线圈，钩针再次挂线，同时引过钩针上的2个线圈，此时钩针上仅保留1个线圈。

3. 1针长针钩织完成。后续每针均重复步骤1、步骤2所示方法，直至行尾，这样便完成了整行长针的钩织。

长长针（tr）

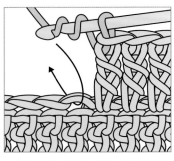
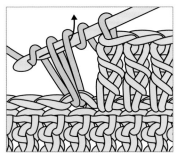

1. 钩针先挂2圈线，然后将钩针插入指定针孔。

2. 在当前针上引出1个线圈，现在针上同时挂有4个线圈。钩针再次挂线，将线引过钩针上的前2个线圈。

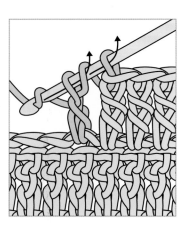

3. 此时钩针上仍保留3个线圈。钩针再次挂线，同时引过钩针上的前2个线圈。

4. 此时钩针上仍保留2个线圈，钩针再次挂线，同时引过剩余的2个线圈。

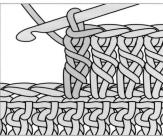

5. 1针长长针钩织完成。后续每针均重复步骤1~步骤4所示方法，直至行尾，这样便完成了整行长长针的钩织。

外（内）钩针

外（内）钩针的钩织方法是利用钩针由前向后环绕下一行针柱进行钩织，这种方法可为钩织作品添加丰富的纹理效果：外钩针具有外凸效果，内钩针具有内凹效果。下面以外钩长针和内钩长针为例，这两种针法为最常见且最典型的内外钩针。两者唯一的区别在于钩织位置的不同。

外钩长针（FPdc）

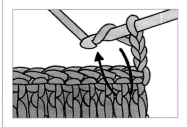
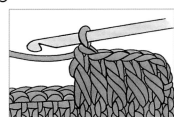

1. 钩针挂1圈线。将钩针由前向后插入织品，围绕下一行指定针的针柱从右向左环绕，再由织品前侧出针。

2. 钩针挂线，引过针柱。此时钩针上挂有3个线圈。钩针挂线，同时引过钩针上的前2个线圈。钩针再次挂线，同时引过钩针上保留的2个线圈。这样便完成了1针常规长针的钩织。此时，织品另一侧会形成一道棱纹。

内钩长针（BPdc）

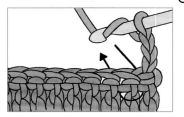

1. 钩针挂1圈线。将钩针由后向前插入织品，围绕下一行指定针的针柱从右向左环绕，再由织品后侧出针。

2. 按照常规方法钩织1针长针（参见上述内容）。此时，织品另一侧正对自己的织面会形成一道棱纹。

立针

环形钩织时，立针（另线按正常针法钩1针）是比锁针效果更好的起针方式。

短针立针钩织法

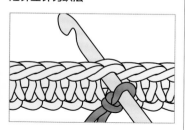

1. 在钩针上打1个活结，然后将钩针插入指定位置。

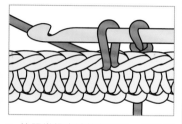

2. 按照常规方法钩织短针：钩针挂线，引出1个线圈，再次挂线，同时引过钩针上的2个线圈。

3. 此时，钩织好的短针后侧会出现一个小凸起（即起针时所打的活结），如果希望去掉这个凸起，可在完成整圈钩织后将活结解开，短针仍可保持紧固。

长针立针钩织法——方法A

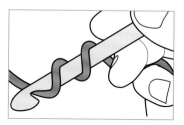

1. 在钩针上挂2圈线，利用手指将线圈暂时固定住（开始操作时会略感费力，但经过几次练习便会轻松自如）。

2. 将钩针插入指定位置并引出1个线圈。

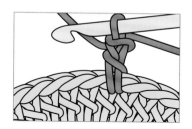

3. 接着按照常规方法钩织长针：[钩针挂线并引过钩针上的2个线圈]重复2次。

长针立针钩织法——方法B

1. 在钩针上打1个活结。

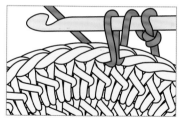

2. 钩针挂线并插入指定位置，引出1个线圈。

3. 接着按照常规方法钩织长针：[钩针挂线并引过钩针上的2个线圈]重复2次。

这种方法会在长针后侧形成一个小凸起（即起针时所打的活结），如果希望去掉这个凸起，可在完成整圈钩织后将活结解开，长针仍可保持紧固。

长针立针钩织法的演化

在熟练掌握长针立针钩织法后，便可轻松演化出其他针法。例如：

2针长针并1针的立针

如在钩织下一圈时，花样要求以2针长针并1针来起针，我们可以先钩1个长针立针，但是保留最后一步不引线，然后钩织第2针长针，按照常规方法完成2针长针并1针。

中长针立针或长长针立针

钩织中长针立针时，先依照长针立针的步骤1、步骤2钩织，然后钩针挂线，同时引过钩针上的3个线圈即可。如花样要求长长针作为下一圈的起针，同样按照长针立针的方法钩织，只是起针时先在钩针上挂3圈线（而非2圈）。

半针钩织法

如果钩针在每针顶部仅插入单个线圈（前侧或后侧线圈），另一侧的线圈便会在织品正面或反面形成一道棱纹。在本书中，无论当前钩织正面还是反面，"前侧线圈"均指该针顶部，距离自己最近一侧的线圈，"后侧线圈"则指距离自己较远的线圈。

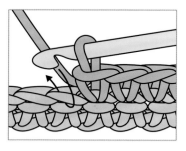

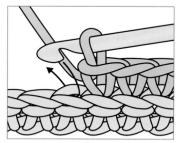

菱形针（前侧线圈针） ⌣

如果钩针仅插入前侧线圈，则跳过的后侧线圈会在织品后侧形成一道菱形纹。

条纹针（后侧线圈针） ⌢

如果钩针仅穿入后侧线圈，则跳过的前侧线圈会在织品正面一侧形成一道条形纹。范例中采用短针进行钩织。

减针钩织法

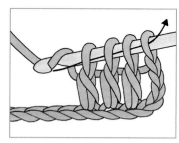

通过在顶部多针并1针的方法可起到减针的作用。在花样中通常利用缩写"并"搭配针法和针数来表示减针。例如：长针3针并1针表示将3针长针合并作1针。

钩织长针3针并1针的具体方法是：计划合并的3针均只钩织到最后一次"挂线，引线"，保留完成前的最后一步不钩织。此时，每针均会在钩针上保留1个线圈，外加前一针余下的1个线圈。钩针再次挂线，同时引过钩针上的所有线圈，完成减针。任何针法，任何减针数均可照此钩织。

镂空处钩织法

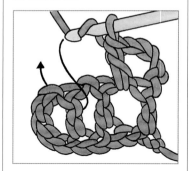

指钩针插入1针或多针锁针构成的镂空处进行钩织的方法。图中表明在1针锁针构成的镂空处钩1针长针。

加针钩织法

通过这种方法可起到增加针数的作用。既可以在平展的织边上进行加针，也可以在钩织某行中途任意位置上加针。在同一位置1针分2针、3针或多针的方法也称为扇形针或贝壳针。

环形钩织衔接法

引拔针衔接法

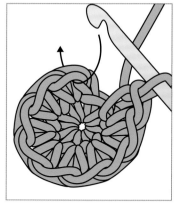

在钩织到一圈结束时，将钩针插入如图位置，在本圈第1针上引拔1针即可完成衔接。完成后的效果见下图。

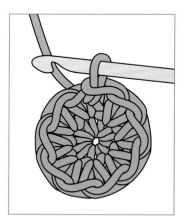

缝合针衔接法

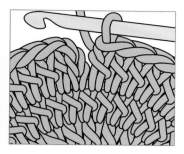

1. 钩织完成本圈的最后一针。将钩织线剪断，保留约10cm长的一段线尾。

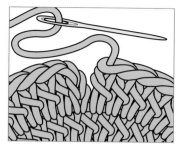

2. 将钩针从最后一个线圈中退出，将线尾由线圈中引出系紧。线尾穿入一根毛线针或缝合针。

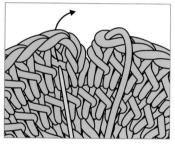

3. 针头从第1针（或起针）左侧同时穿过顶部呈V字形的两个线圈。将线尾全部引出。

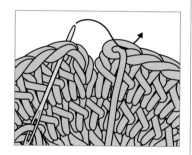

4. 再将针头从前向后，由最后1针（本圈末尾处）的线圈内穿出。

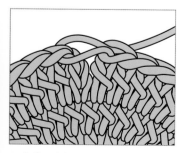

5. 将线尾全部引出。

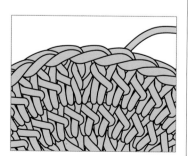

6. 调整松紧度，直至达到无缝衔接的效果。将线尾藏缝。

打结收尾

　　作品钩织完成后，将线尾打结的方法很简单，只是要注意切勿将线尾保留得过短，因为最后还需要足够长度的钩织线进行线尾的藏缝。为了确保织品在使用过程中不易松散，线尾一定要藏缝牢固。在藏缝过程中要尽量保持线迹整洁，以防线尾暴露在织品正面。

打结固定方法

　　将钩织线牢固打结的方法是：钩织1针锁针，然后在距离织品10cm的位置将钩织线剪断，线尾引过钩针上的线圈，轻轻收紧。

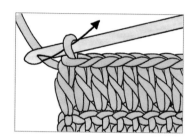

藏缝线尾

　　在织品顶边或底边藏缝线尾时，先将线尾穿入一根毛线针或缝合针，将缝合针在织品背面逐针穿缝数次，剪掉多余的线尾。在钩织曼陀罗时，建议在下一行各针间进行藏缝，以达到更好的隐蔽效果。

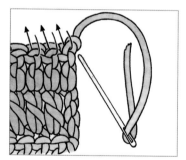

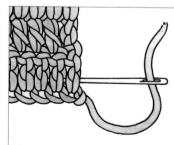

经典曼陀罗花样

4

5

6

4

5

6

5

4

6

7

4

5

6

1

2

3

曼陀罗花样详解

这部分详细介绍30款我最喜爱的曼陀罗花样，其中既包含仅由短针钩织而成的基础款，也包含针法更加复杂纹理更加丰富的进阶款。第16、第17页的入门必读为编织者提供了许多重要指导，请一定在动手前认真阅读。

皇冠

只需最基础的针法便可钩织出这款美丽的曼陀罗花样。简单的短针塑造出紧实而精致的纹理效果。优雅的波浪边仿佛为这款曼陀罗佩戴上了华美的皇冠。

钩针：E-4（3.5mm）

直径：18cm

说明：

第1圈为6针，因而逐圈钩织时每圈各加6针。

符号说明：

○　锁针

●　引拔针

+　短针

┞　长针

◀　每圈起始点

起针（线A）： 打一个魔术环或钩织4针锁针，在第1针锁针上引拔衔接成起针环。

第1圈： 沿起针环钩6针短针，首尾衔接。

第2圈： 每针上钩短针1针分2针，首尾衔接。（每针加针）

第3圈： *钩1针短针，短针1针分2针；从*起重复5次。首尾衔接。（隔针加针）

第4圈： *钩2针短针，短针1针分2针；从*起重复5次。首尾衔接。（每3针加1针）

第5圈： *钩3针短针，短针1针分2针；从*起重复5次。首尾衔接。（每4针加1针）

第6圈（线B）： *钩4针短针，短针1针分2针；从*起重复5次。首尾衔接。（每5针加1针）

第7圈（线C）： *钩5针短针，短针1针分2针；从*起重复5次。首尾衔接。（每6针加1针）

第8~10圈： 按照上述规律，用线C分别在每7针、8针、9针加1针。

第11圈（线B）： *钩1针短针，短针1针分2针；从*起重复5次。首尾衔接。（每10针加1针）

第12圈（线D）： *钩10针短针，短针1针分2针；从*起重复5次。首尾衔接。（每11针加1针）

第13~15圈： 按照上述规律，用线D分别在每12针、13针、14针加1针。

第16圈（线B）： *钩14针短针，短针1针分2针；从*起重复5次。首尾衔接。（每15针加1针）

第17圈（线A）： *钩15针短针，短针1针分2针；从*起重复5次。首尾衔接。（每16针加1针）

第18~20圈： 按照上述规律，用线A分别在每17针、18针、19针加1针。

第21圈（线B）： 每针上钩1针短针。首尾衔接。

为了确保圆形织片的边缘圆润，通常最后一圈短针不加针。可尝试最后一圈更换大一号钩针，以防曼陀罗织片上翘成"碗状"（参见第19页）。

第22圈（线B）： *钩1针短针，跳过下2针短针，钩长针1针分5针，跳过下2针短针；从*起重复钩织19次。首尾衔接。

打结并藏缝线尾。

随风飞扬

这款美丽大方的曼陀罗是利用两股钩织线并作一股钩织而成的，混色搭配出视觉上的流动感。
虽然只是一个简单的小技巧，却会令作品别具匠心。

钩针：J-10（6
mm）

直径：25 cm

符号说明：
- ○ 锁针
- ● 引拔针
- Ⅰ 中长针
- ◄ 每圈起始点

说明：

• 第1圈针数为10针，因而逐圈钩织时每圈各加10针。

• 这款曼陀罗全程采用两股线进行钩织。为了打造一款真正个性化的曼陀罗，每圈都对颜色进行了调整。

起针：打一个魔术环或钩织4针锁针，在第1针锁针上引拔衔接成起针环。

第1圈：沿起针环钩10针中长针，首尾衔接。

第2圈：每针上钩中长针1针分2针，首尾衔接。（每针加针）

第3圈：*钩1针中长针，中长针1针分2针；从*起重复9次。首尾衔接。（隔针加针）

第4圈：*钩2针中长针，中长针1针分2针；从*起重复9次。首尾衔接。（每3针加1针）

第5圈：*钩3针中长针，中长针1针分2针；从*起重复9次。首尾衔接。（每4针加1针）

第6圈：*钩4针中长针，中长针1针分2针；从*起重复9次。首尾衔接。（每5针加1针）

第7圈：*钩5针中长针，中长针1针分2针；从*起重复9次。首尾衔接。（每6针加1针）

第8圈：*钩6针中长针，中长针1针分2针；从*起重复9次。首尾衔接。（每7针加1针）

第9圈：*钩7针中长针，中长针1针分2针；从*起重复9次。首尾衔接。（每8针加1针）

第10圈：*钩8针中长针，中长针1针分2针；从*起重复9次。首尾衔接。（每9针加1针）

第11圈：*钩9针中长针，中长针1针分2针；从*起重复9次。首尾衔接。（每10针加1针）

第12圈：*钩10针中长针，中长针1针分2针；从*起重复9次。首尾衔接。（每11针加1针）

打结并藏缝线尾。

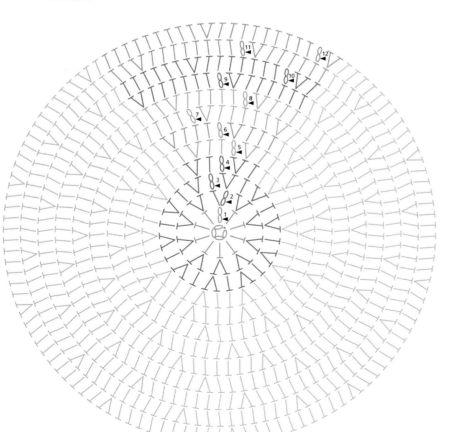

多彩圆环

长针是许多钩织爱好者最喜爱的针法，同时也是用来打造这款完美圆垫的理想之选。可爱的糖果配色令这款简单的曼陀罗瞬间转化为一款人见人爱的精美小物。您还可以参照第102~105页介绍的方法，添加自己喜欢的花边哦！

钩针：D-3
（3.25mm）

直径：19.5cm

说明：

第1圈为12针，因而逐圈钩织时每圈各加12针。

起针（线A）： 打一个魔术环或钩织4针锁针，在第1针锁针上引拔衔接成起针环。

第1圈： 沿起针环钩12针长针，首尾衔接。

第2圈： 每针上钩长针1针分2针，首尾衔接。（每针加针）

第3圈： *钩1针长针，长针1针分2针；从*起重复11次。首尾衔接。（隔针加针）

第4圈： *钩2针长针，长针1针分2针；从*起重复11次。首尾衔接。（每3针加1针）

符号说明：

○ 锁针
• 引拔针
† 长针
◀ 每圈起始点

第5圈（线B）： *钩3针长针，长针1针分2针；从*起重复11次。首尾衔接。（每4针加1针）

第6圈（线C）： *钩4针长针，长针1针分2针；从*起重复11次。首尾衔接。（每5针加1针）

第7、8圈： 按照上述规律，用线C分别在每6针、7针加1针。

第9圈（线B）： *钩7针长针，长针1针分2针；从*起重复11次。首尾衔接。（每8针加1针）

第10圈（线D）： *钩8针长针，长针1针分2针；从*起重复11次。首尾衔接。（每9针加1针）

第11圈： *钩9针长针，长针1针分2针；从*起重复11次。首尾衔接。（每10针加1针）

第12圈（线B）： *钩10针长针，长针1针分2针；从*起重复11次。首尾衔接。（每11针加1针）

打结并藏缝线尾。

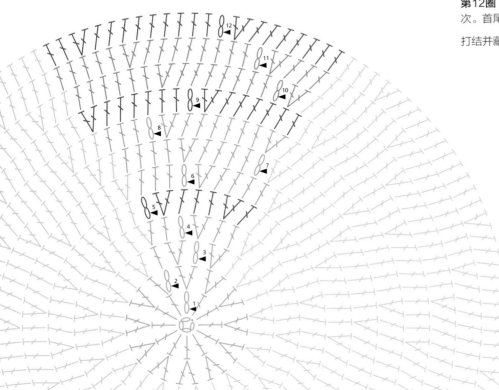

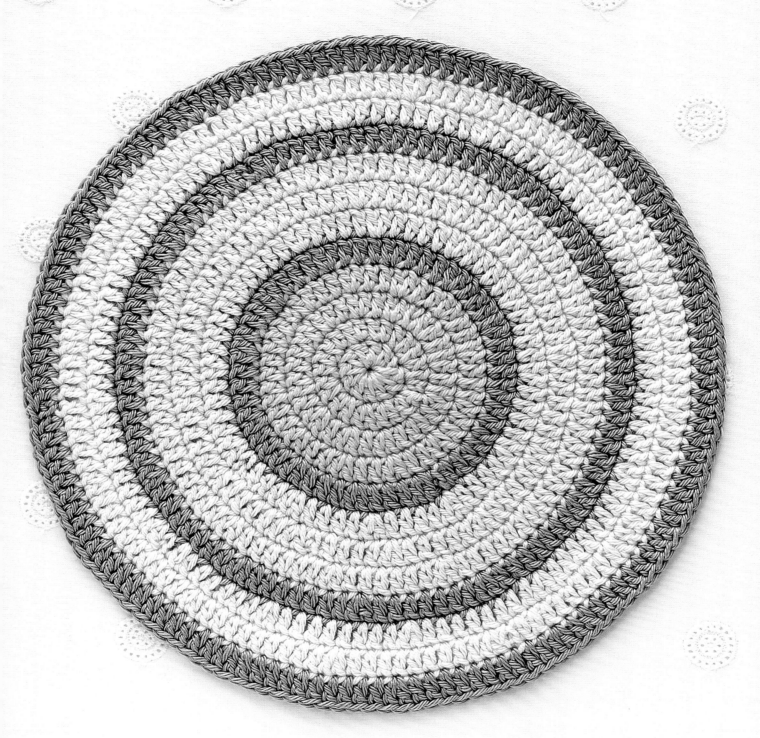

祖母环

有谁不喜爱经典的祖母方块呢？由祖母方块演化而来的圆形款同样可爱又实用。大胆尝试自己喜爱的所有配色吧！

钩针：D-3
（3.25mm）
直径：20.5cm

符号说明：
○ 锁针
• 引拔针
┬ 长针
◀ 每圈起始点

起针（线A）：打一个魔术环或钩织6针锁针，在第1针锁针上引拔衔接成起针环。

第1圈：*沿起针环钩3针长针，从*起重复5次。首尾衔接。

第2圈（线B）：*在1针锁针形成的镂空处钩［3针长针，1针锁针，3针长针］，1针锁针；从*起重复5次。首尾衔接。

第3圈（线C）：*在1针锁针形成的镂空处钩长针1针分3针，1针锁针；从*起重复11次。首尾衔接。

第4圈（线D）：*在1针锁针形成的镂空处钩长针1针分3针，3针锁针，在1针锁针形成的镂空处钩长针1针分3针，2针锁针；从*起重复5次。首尾衔接。

第5圈（线E）：*在3针锁针形成的镂空处钩［3针长针，1针锁针，3针长针］，2针锁针，在2针锁针形成的镂空处钩长针1针分3针，2针锁针；从*起重复5次。首尾衔接。

第6圈（线F）：*在1针锁针形成的镂空处钩长针1针分3针，2针锁针，［在2针锁针形成的镂空处钩长针1针分3针，2针锁针］重复2次；从*起重复5次。首尾衔接。

第7圈（线G）：*在2针锁针形成的镂空处钩长针1针分4针，2针锁针，从*起重复17次。首尾衔接。

第8圈（线H）：*在2针锁针形成的镂空处钩长针1针分3针，2针锁针，在2针锁针形成的镂空处钩［3针长针，1针锁针，3针长针］，2针锁针；从*起重复8次。首尾衔接。

第9圈（线I）：*在1针锁针形成的镂空处钩长针1针分4针，1针锁针，［在2针锁针形成的镂空处钩长针1针分4针，1针锁针］重复2次；从*起重复8次。首尾衔接。

第10圈（线G）：*在1针锁针形成的镂空处钩长针1针分4针，2针锁针，从*起重复26次。首尾衔接。

第11圈（线D）：*在2针锁针形成的镂空处钩［2针长针，1针锁针，2针长针］，2针锁针；从*起重复26次。首尾衔接。

第12圈（线E）：*在2针锁针形成的镂空处钩长针1针分3针，在1针锁针形成的镂空处钩长针1针分3针；从*起重复26次。首尾衔接。

打结并藏缝线尾。

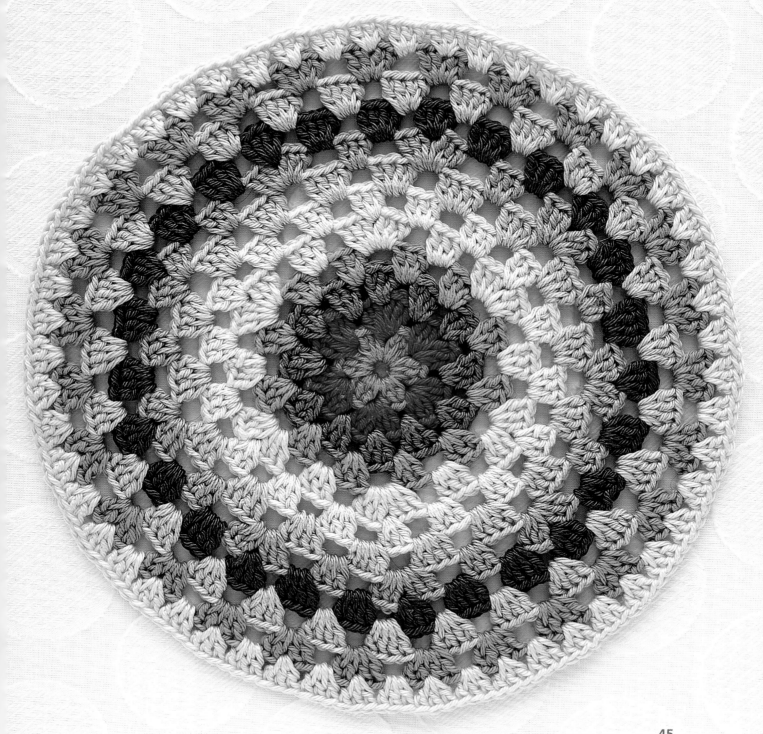

池塘卵石

在简单花样的基础上添加些许扭针便彻底改变了这款长针曼陀罗的样貌。利用仅在后排线圈钩织的条纹针，呈现出趣味盎然的纹理效果。

钩针：D-3
（3.25mm）

直径：23cm

符号说明：

○ 锁针

• 引拔针

╂ 长针

⋏ 后侧线圈长针

⋏ 后侧线圈短针

◀ 每圈起始点

起针（线A）： 打一个魔术环或钩织4针锁针，在第1针锁针上引拔衔接成起针环。

第1圈： 沿起针环钩12针长针。首尾衔接。

第2圈（线B）： 每针上钩后侧线圈长针1针分2针。首尾衔接。（每针加针）

第3圈（线C）： 钩1针后侧线圈长针，后侧线圈长针1针分2针；从*起重复11次。首尾衔接。（隔针加针）

第4圈（线D）： 钩1针后侧线圈长针，后侧线圈长针1针分2针；从*起重复17次。首尾衔接。（隔针加针）

第5圈（线A）： *钩2针后侧线圈长针，后侧线圈长针1针分2针；从*起重复17次。首尾衔接。（每3针加1针）

第6圈（线B）： *钩3针后侧线圈长针，后侧线圈长针1针分2针；从*起重复17次。首尾衔接。（每4针加1针）

第7圈（线C）： *钩4针后侧线圈长针，后侧线圈长针1针分2针；从*起重复17次。首尾衔接。（每5针加1针）

第8圈（线D）： *钩5针后侧线圈长针，后侧线圈长针1针分2针；从*起重复17次。首尾衔接。（每6针加1针）

第9圈（线A）： *钩6针后侧线圈长针，后侧线圈长针1针分2针；从*起重复17次。首尾衔接。（每7针加1针）

第10圈（线B）： *钩7针后侧线圈长针，后侧线圈长针1针分2针；从*起重复17次。首尾衔接。（每8针加1针）

第11圈（线C）： *钩8针后侧线圈长针，后侧线圈长针1针分2针；从*起重复17次。首尾衔接。（每9针加1针）

第12圈（线D）： *钩9针后侧线圈长针，后侧线圈长针1针分2针；从*起重复17次。首尾衔接。（每10针加1针）

第13圈： 每针各钩1针后侧线圈短针。首尾衔接。

打结并藏缝线尾。

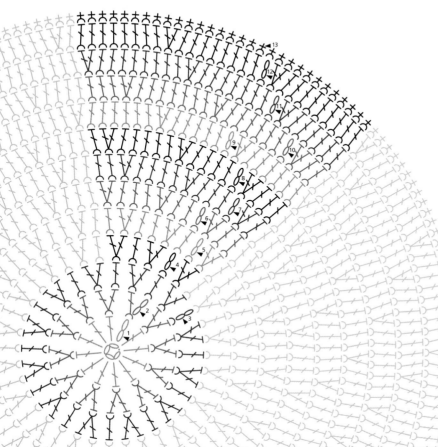

薄荷比萨

简洁却不失优雅——这就是对美好拼图曼陀罗的整体概括。这款花样不需要频频计算针数，因而钩织过程更显轻松。多多尝试不同颜色的搭配吧！

钩针：D-3
（3.25mm）
直径：21.5cm

说明：
这款花样属于蕾丝款式，每圈均可在前一圈的第1针顶部直接起针。

起针（线A）： 打一个魔术环或钩织7针锁针，在第1针锁针上引拔衔接成起针环。

第1圈： 沿起针环钩10针短针。首尾衔接。

第2圈（线B）： *钩1针长针，3针锁针；从*起重复9次。首尾衔接。

第3圈： *在3针锁针形成的镂空处钩长针1针分3针，2针锁针；从*起重复9次。首尾衔接。

第4圈： *第1针长针上钩1针长针，长针1针分2针，1针长针，2针锁针；从*起重复9次。首尾衔接。

第5圈： *钩1针长针，长针1针分2针，2针长针，2针锁针；从*起重复9次。首尾衔接。

第6圈： *钩1针长针，[长针1针分2针，1针长针]重复2次，2针锁针；从*起重复9次。首尾衔接。

第7圈： *钩1针长针，长针1针分2针，3针长针，长针1针分2针，1针长针，2针锁针；从*起重复9次。首尾衔接。

第8圈： *钩1针长针，长针1针分2针，5针长针，长针1针分2针，1针长针，2针锁针；从*起重复9次。首尾衔接。

第9圈： *钩5针长针，长针1针分2针，5针长针，2针锁针；从*起重复9次。首尾衔接。

第10圈： *钩1针长针，长针1针分2针，10针长针，2针锁针；从*起重复9次。首尾衔接。

第11圈： *钩11针长针，长针1针分2针，1针长针，2针锁针；从*起重复9次。首尾衔接。

第12圈（线A）： *钩14针长针，在2针锁针的镂空处钩长针1针分2针；从*起重复9次。首尾衔接。

第13圈： 每针各钩1针逆短针。首尾衔接。

打结并藏缝线尾。

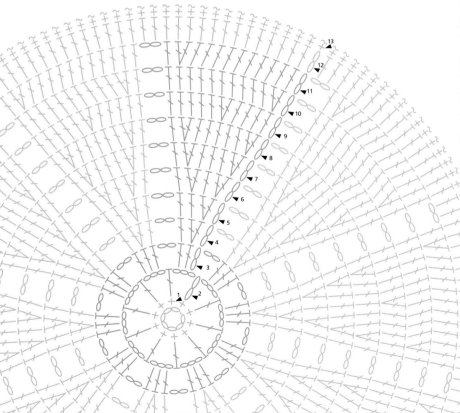

符号说明：
◯ 锁针
● 引拔针
＋ 短针
† 长针
◀ 每圈起始点

特殊针法（见第125页）：
⨙ 逆短针

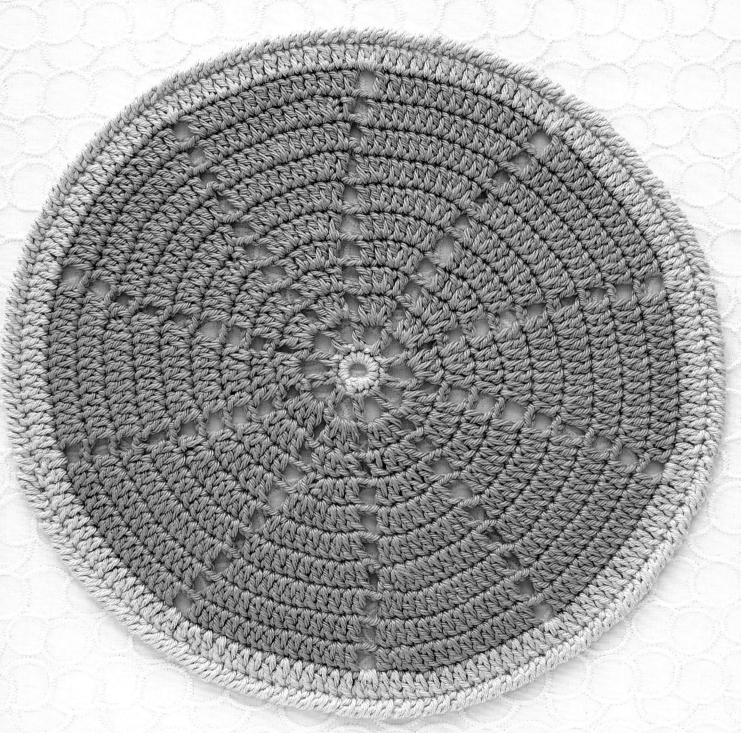

妩媚时代

这款复古风十足的曼陀罗仿佛瞬间把人们带回20世纪50年代！织片中心的爆米花针和可爱的波浪边格外引人注目。

钩针：D-3
（3.25mm）

直径：25cm

起针（线A）： 打一个魔术环或钩织8针锁针，在第1针锁针上引拔衔接成起针环。

第1圈： *沿起针环钩长针3针并1针，3针锁针；从*起重复7次。首尾衔接。

第2圈（线B）： *在3针锁针的镂空处钩1针爆米花针，5针锁针；从*起重复7次。首尾衔接。

第3圈（线A）： *在第1圈3针锁针形成的镂空处，从爆米花针右侧钩3针长针，4针锁针，跳过爆米花针；从*起重复7次。首尾衔接。

第4圈： *钩3针长针，4针锁针镂空处钩3针长针；从*起重复7次。首尾衔接。

第5圈： *钩2针长针，长针1针分2针；从*起重复15次。首尾衔接。

第6圈： *钩3针长针，长针1针分2针；从*起重复15次。首尾衔接。

第7圈： *钩长针2针并1针，2针锁针，跳过下针长针；从*起重复39次。首尾衔接。

第8圈（线C）： *在2针锁针镂空处钩长针3针并1针，2针锁针；从*起重复39次。首尾衔接。

第9圈（线A）： *在2针锁针镂空处钩长针3针并1针，3针锁针；从*起重复39次。首尾衔接。

第10圈（线D）： *在3针锁针镂空处钩长针4针并1针，4针锁针；从*起重复39次。首尾衔接。

第11圈（线A）： *在4针锁针镂空处钩4针长针，在上钩1针长针；从*起重复钩织39次。首尾衔接。

第12圈： *在长针4针并1针形成的顶部长针上钩长针1针分9针，跳过下4针长针，钩1针短针，跳过下4针长针；从*起重复19次。首尾衔接。

第13圈： 在贝壳针的第3针长针上钩1针短针，钩4针短针，7针锁针；从*起重复19次。首尾衔接。

第14圈（线C）： *在第2针短针上钩1针短针，钩2针短针，跳过下针短针，在7针锁针镂空处钩9针长针；从*起重复19次。首尾衔接。

打结并藏缝线尾。

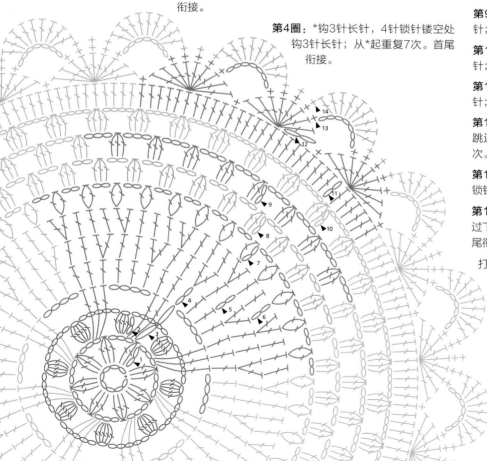

符号说明：

○ 锁针
● 引拔针
⋔ 长针3针并1针
┬ 长针
◇ 长针2针并1针
⋔ 长针4针并1针
◄ 每圈起始点

特殊针法（参见第125页）：
⊕ 爆米花针=5针长针的爆米花针

拉贾斯坦

这款曼陀罗的灵感源于印度拉贾斯坦宫殿窗格上缤纷的图案。中心的圆环向外拓展成星形，之后再拓展为六边形，整个幻化过程神奇而微妙。

钩针：D-3
（3.25mm）
直径：17cm

起针（线A）： 打一个魔术环或钩织4针锁针，在第1针锁针上引拔衔接成起针环。

第1圈： 沿起针环钩6针短针。首尾衔接。

第2圈（线B）： *在短针上引拔1针，钩3针锁针；从*起重复5次。首尾衔接。

第3圈（线C）： *在3针锁针的镂空处钩3针长针，3针锁针；从*起重复5次。首尾衔接。

第4圈（线A）： *在3针锁针的镂空处钩［3针长针，2针锁针，3针长针］；从*起重复5次。首尾衔接。

第5圈： *在两个［3针长针，2针锁针，3针长针］玉编间形成的镂空处钩1针短针，2针锁针的镂空处钩［3针长针，3针锁针，3针长针］；从*起重复5次。首尾衔接。

第6圈（线B）： *在3针锁针的镂空处钩1针短针，4针锁针的狗牙针，1针锁针，跳过3针长针，钩长长针1针分7针，1针锁针，跳过3针长针；从*起重复5次。首尾衔接。

第7圈（线D）： *在狗牙针上钩1针短针，7针锁针，跳过3针长长针，在第4针长长针上钩1针短针，跳过3针长长针，7针锁针；从*起重复5次。首尾衔接。

第8圈： *在7针锁针的镂空处钩8针长针，在短针上钩1针长针；从*起重复11次。首尾衔接。

第9圈： *在长针上钩1针短针，3针锁针，跳过下针长针；从*起重复53次。首尾衔接。

第10、11、12、13圈： *在3针锁针的镂空处钩1针短针，3针锁针；从*起重复53次。首尾衔接。

打结并藏缝线尾。

符号说明：
◯ 锁针
● 引拔针
＋ 短针
† 长针
‡ 长长针
◀ 每圈起始点

特殊针法（见第125页）：
🪢 4针锁针的狗牙针

冰激凌

这款曼陀罗总是会让我联想起自己最爱的甜品。可参照第102~105页边饰的钩织方法创作自己的个性款式。亮丽鲜艳的色彩也同样适合这款曼陀罗。

钩针：D-3
（3.25mm）
直径：22.5cm

符号说明：
◯ 锁针
 长针
◀ 每圈起始点

说明：

在制作这款曼陀罗前，需要先钩织7片独立的三角形织片，然后将这些织片缝合或钩织成圆形。完成曼陀罗的拼接后，再钩织第13圈。

起针： 钩3针锁针。

第1行： 在第1针锁针上钩1针长针。翻面。（2针长针）

第2行： 每针钩长针1针分2针。翻面。

第3行： 钩长针1针分2针，钩2针长针，下针上钩长针1针分2针。翻面。

第4行： 钩长针1针分2针，4针长针，长针1针分2针。翻面。

第5行： 钩长针1针分2针，6针长针，长针1针分2针。翻面。

第6行： 钩长针1针分2针，8针长针，长针1针分2针。翻面。

第7行： 钩长针1针分2针，10针长针，长针1针分2针。翻面。

第8行： 钩长针1针分2针，12针长针，长针1针分2针。翻面。

第9行： 钩长针1针分2针，14针长针，长针1针分2针。翻面。

第10行： 钩长针1针分2针，16针长针，长针1针分2针。翻面。

第11行： 钩长针1针分2针，18针长针，长针1针分2针。翻面。

第12行： 钩长针1针分2针，20针长针，长针1针分2针。翻面。

完成7片三角形的钩织，逐片换线A~G。

拼接：
缝合法： 用相应颜色的钩织线与缝合针，从三角形织片反面沿外侧线环锁缝。

钩缝法： 用相应颜色的钩织线，将三角形织片正面相对，沿外侧线环以引拔针衔接。

边饰：
　　最后一圈需更换三角形织片用到的A~G 7种钩织线。在钩织过程中依次换线，每种颜色钩织26针长针。首先用线A，在一片对比色三角形的倒数第2针长针上钩1针立针。（不在三角形中点起针是为了确保在本圈钩织结束时，可用相同颜色无缝衔接。）然后按照如下方法钩织：

第13圈： 钩长针1针分2针，11针长针，长针1针分2针，换线，*钩11针长针，长针1针分2针，11针长针，长针1针分2针，换线；从*起重复5次，再次换回线A，钩10针长针。首尾衔接。

打结并藏缝线尾。

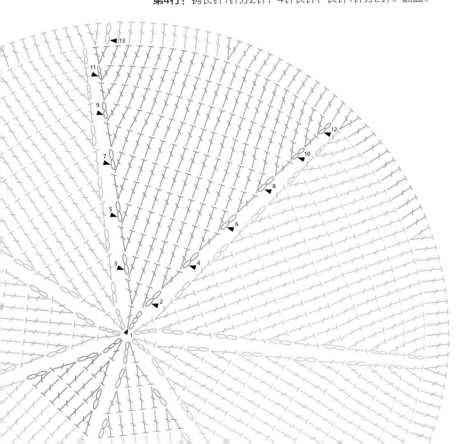

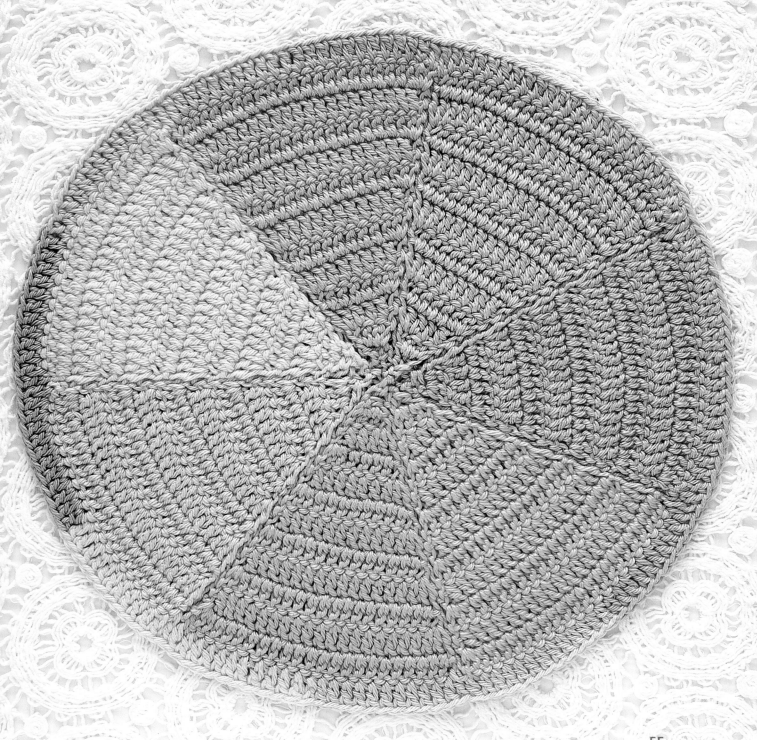

繁星之夜

这款曼陀罗堪称真正的经典之作。波纹针塑造出令人惊艳的星状图案，重复出现的白色线环则在视觉效果上起到了稳定作用。

钩针：D-3
（3.25mm）

直径：27.5cm

符号说明：

⌢ 锁针

• 引拔针

┬ 长针

◄ 每圈起始点

起针（线A）： 打一个魔术环或钩织4针锁针，在第1针锁针上引拔衔接成起针环。

第1圈： 沿起针环钩12针长针。首尾衔接。

第2圈： *钩1针长针，2针锁针；从*起重复11次。首尾衔接。

第3圈（线B）： *钩［1针长针，2针锁针，1针长针］；从*起重复11次。首尾衔接。

第4圈： *在2针锁针的镂空处钩［2针长针，2针锁针，2针长针］（完成1个贝壳）；从*起重复11次。首尾衔接。

第5圈（线A）： *在贝壳的第2针长针上钩1针长针，在2针锁针处钩［2针长针，2针锁针，2针长针］，在下针上钩1针长针（完成1个贝壳），跳过2针长针；从*起重复11次。首尾衔接。

第6圈（线C）： *在贝壳的第2、3针长针上钩2针长针，在2针锁针处钩［2针长针，2针锁针，2针长针］，钩2针长针（完成1个贝壳），跳过2针长针；从*起重复11次。首尾衔接。

第7圈： *在贝壳的第2针开始钩3针长针，在2针锁针处钩［2针长针，2针锁针，2针长针］，钩3针长针（完成1个贝壳），跳过2针长针；从*起重复11次。首尾衔接。

第8圈（线A）： *在贝壳的第2针开始钩4针长针，在2针锁针处钩［1针长针，2针锁针，1针长针］，钩4针长针（完成1个贝壳），跳过2针长针；从*起重复11次。首尾衔接。

第9圈（线D）： *在贝壳的第2针开始钩4针长针，在2针锁针处钩［2针长针，2针锁针，2针长针］，钩4针长针（完成1个贝壳），跳过2针长针；从*起重复11次。首尾衔接。

第10圈： *在贝壳的第2针开始钩5针长针，在2针锁针处钩［2针长针，2针锁针，2针长针］，钩5针长针（完成1个贝壳），跳过2针长针；从*起重复11次。首尾衔接。

第11圈（线A）： *在贝壳的第2针开始钩6针长针，在2针锁针处钩［1针长针，2针锁针，1针长针］，钩6针长针，跳过2针长针；从*起重复钩织11次。首尾衔接。

第12圈（线E）： *在贝壳的第2针开始钩6针长针，在2针锁针处钩［2针长针，2针锁针，2针长针］，钩6针长针，跳过2针长针；从*起重复11次。首尾衔接。

第13圈： *在贝壳的第2针开始钩7针长针，在2针锁针处钩［2针长针，2针锁针，2针长针］，钩7针长针，跳过2针长针；从*起重复11次。首尾衔接。

打结并藏缝线尾。

奶油蕾丝

谁说曼陀罗都要紧密厚实的质感？这款创意十足的设计便显得通透而优雅。镂空的款式还大大加快了钩织速度。

钩针：D-3
（3.25mm）

直径：19.5cm

起针（线A）：打一个魔术环或钩织8针锁针，在第1针锁针上引拔衔接成起针环。

第1圈：*沿起针环钩1个泡芙针，2针锁针；从*起重复9次。首尾衔接。

第2圈（线B）：*在2针锁针的镂空处钩［1个泡芙针，1针锁针，1个泡芙针，2针锁针］；从*起重复9次。首尾衔接。

第3圈（线A）：*在1针锁针的镂空处钩1针短针，2针锁针，在

2针锁针的镂空处钩1针短针，2针锁针；从*起重复9次。首尾衔接。

第4圈：*在2针锁针的镂空处钩2针短针，1针锁针；从*起重复19次。首尾衔接。

第5圈：*在1针锁针的镂空处钩1针短针，3针锁针；从*起重复19次。首尾衔接。

第6圈（线B）：*在3针锁针的镂空处钩3针长针，1针锁针；从*起重复19次。首尾衔接。

第7圈（线A）：*在1针锁针的镂空处钩1针短针，3针锁针，在下1针锁针的镂空处钩1针短针，7针锁针；从*起重复9次。首尾衔接。

第8圈：*在3针锁针的镂空处钩1针短针，在7针锁针的镂空处钩9针长针；从*起重复9次。首尾衔接。

第9圈（线B）：*在贝壳的第5针长针上钩1针长针，13针锁针，跳过下9针；从*起重复9次。首尾衔接。

第10圈：*钩1针短针，在1针锁针的镂空处钩15针长针；从*起重复9次。首尾衔接。

第11圈（线A）：*在贝壳的第8针长针上钩1针长针，15针锁针，跳过下15针；从*起重复9次。首尾衔接。

第12圈：*钩1针短针，在15针锁针的镂空处钩17针长针；从*起重复9次。首尾衔接。

打结并藏缝线尾。

符号说明：
○ 锁针
● 引拔针
＋ 短针
Ｔ 长针
◄ 每圈起始点

特殊针法（见第125页）：
◊ 泡芙针

炫彩缤纷

这是一件大的作品，也是我超爱的一款！这款曼陀罗我选用了亮色搭配，糖果色系也会是一个不错的选择！

钩针：D-3
（3.25mm）
直径：37.5cm

起针（线A）： 打一个魔术环或钩织5针锁针，在第1针锁针上引拔衔接成起针环。

第1圈： 沿起针环钩16针长针。首尾衔接。

第2圈： 每针上钩长针1针分2针。首尾衔接。（32针长针）

第3圈： *钩1针长针，长针1针分2针；从*起重复15次。首尾衔接。（48针长针）

第4圈（线B）： *在第1针上钩［1针长针，2针锁针，1针长针］，跳过2针长针；从*起重复15次。首尾衔接。

第5圈（线C）： *在2针锁针的镂空处钩［2针长针，2针锁针，2针长针］；从*起重复15次。首尾衔接。

第6圈： *在2针锁针的镂空处钩5针长针，1针锁针；从*起重复15次。首尾衔接。

第7圈（线D）： *在1针锁针处钩1针短针，6针锁针；从*起重复15次。首尾衔接。

第8圈（线A）： *在6针锁针的镂空处钩5针长针，1针锁针；从*起重复15次。首尾衔接。

第9圈： *钩5针短针，在1针锁针的镂空处钩1针短针；从*起重复15次。首尾衔接。

第10圈（线B）： *钩［1针长针，3针锁针，1针长针］（在第8圈锁针上的短针上钩织第1针长针），跳过2针短针；从*起重复31次。首尾衔接。

第11圈（线E）： *在3针锁针的镂空处钩［1针长针，4针锁针，1针长针］；从*起重复31次。首尾衔接。

第12圈： *在4针锁针的镂空处钩［2针长针，2针锁针，2针长针］；从*起重复31次。首尾衔接。

第13圈（线D）： *在2针锁针的镂空处钩［2针长针，3针锁针，2针长针］；从*起重复31次。首尾衔接。

第14圈（线E）： *在3针锁针的镂空处钩5针长针，1针锁针；从*起重复31次。首尾衔接。

第15圈（线F）： *在1针锁针处钩1针短针，6针锁针；从*起重复31次。首尾衔接。

第16圈（线A）： *在6针锁针处钩6针长针，1针锁针；从*起重复31次。首尾衔接。

第17圈（线G）： *在1针锁针处钩1针短针，7针锁针；从*起重复31次。首尾衔接。

第18圈（线E）： *在7针锁针处钩7针长针，1针锁针；从*起重复31次。首尾衔接。

第19圈： *钩7针短针，在1针锁针处钩1针短针；从*起重复31次。首尾衔接。

第20圈： *钩［1针长针，2针锁针，1针长针］（在第18圈锁针上的短针上钩织第1针长针），跳过3针短针；从*起重复63次。首尾衔接。

第21、22圈： *在2针锁针处钩［1针长针，3针锁针，1针长针］；从*起重复63次。首尾衔接。

第23、24圈： *在2针锁针处钩［1针长针，4针锁针，1针长针］；从*起重复63次。首尾衔接。

打结并藏缝线尾。

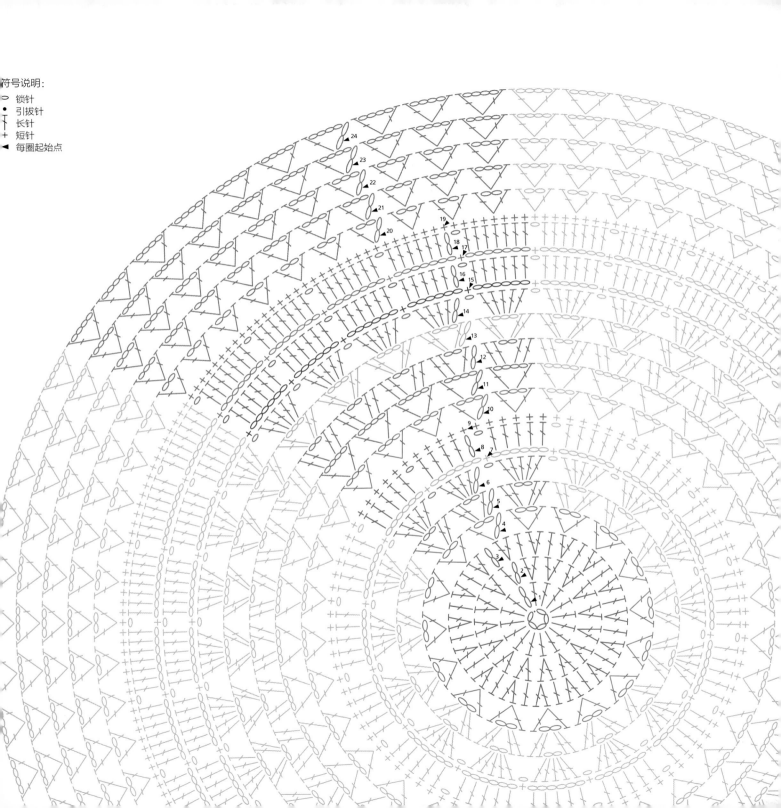

符号说明:
⌒ 锁针
● 引拔针
⊤ 长针
+ 短针
◀ 每圈起始点

炫彩缤纷
（见第60页）

迷人编篮纹
（见第64页）

迷人编篮纹

编篮针是非常迷人的针法，看着花样一圈圈扩展开来十分有趣。也许刚开始会感觉花样有些难度，但在文字说明的帮助下，相信一切都不成问题！

钩针：E-4
（3.5mm）

直径：18.5cm

说明：
花样利用多种颜色进行标注，以更加清晰地展示效果。

起针（线A）： 打一个魔术环或钩织5针锁针，在第1针锁针上引拔衔接。

第1圈： *沿起针环钩1针长针，1针锁针；从*起重复11次。首尾衔接。

第2圈（线B）： *钩1针长针，在1针锁针处钩2针长针；从*起重复11次。首尾衔接。

第3圈（线A）： 在第2圈1针锁针镂空处2针长针的第1针上开始钩织本圈。*钩3针后侧线圈短针，在第1圈的长针上钩1针外钩长长针；从*起重复11次。首尾衔接。

第4圈（线B）： *在长长针上钩后侧线圈长针1针分2针，在第2圈的下2针长针上各钩1针前侧线圈长针；从*起重复11次。首尾衔接。

第5圈（线A）： 在第4圈2针前侧线圈长针的第1针上开始钩织本圈。*钩2针后侧线圈短针，在第3圈的长针上钩外钩长长针1针分3针；从*起重复11次。首尾衔接。

第6圈（线B）： 本圈完全在第4圈上进行钩织。在3针长长针针组间第4圈2针长针的第1针上开始钩织本圈。*钩2针前侧线圈长长针，（在第5圈3针长长针后侧进行钩织）：钩1针后侧线圈长针，后侧线圈长针1针分2针；从*起重复11次。首尾衔接。

第7圈： 在第6圈2针前侧线圈长针的第1针上开始钩织本圈。*钩2针外钩长针，3针内钩长针；从*起重复11次。首尾衔接。

第8圈： 在任一外钩长针针组的第1针上开始钩织本圈。*钩1针外钩长针，在下针上钩［1针长针，1针外钩长针］，3针内钩长针；从*起重复11次。首尾衔接。

第9圈： 在任一外钩长针针组的第1针上开始钩织本圈（注意不要跳过外钩长针间的长针，该针易被掩盖）。*钩1针外钩长针，在下针上钩［1针长针，1针外钩长针］，1针外钩长针，3针内钩长针；从*起重复11次。首尾衔接。

第10圈： 在任一内钩长针针组的第1针上开始钩织本圈。*钩1针外钩长针，在下2针上各钩［1针长针，1针外钩长针］，4针内钩长针；从*起重复11次。首尾衔接。

第11圈： 在任一外钩长针针组的第1针上开始钩织本圈。*钩5针外钩长针，4针内钩长针；从*起重复11次。首尾衔接。

第12圈： 在任一外钩长针针组的第1针上开始钩织本圈。*钩2针外钩长针，在下针上钩［1针长针，1针外钩长针］，2针外钩长针，4针内钩长针；从*起重复11次。首尾衔接。

第13圈： 在任一内钩长针针组的第1针上开始钩织本圈。*钩1针外钩长针，在下针上钩［1针长针，1针外钩长针］，2针外钩长针，6针内钩长针；从*起重复11次。首尾衔接。

第14圈（线A）： 在任一外钩长针针组的第1针上开始钩织本圈。*钩5针外钩中长针，6针内钩中长针；从*起重复11次。首尾衔接。

打结并藏缝线尾。

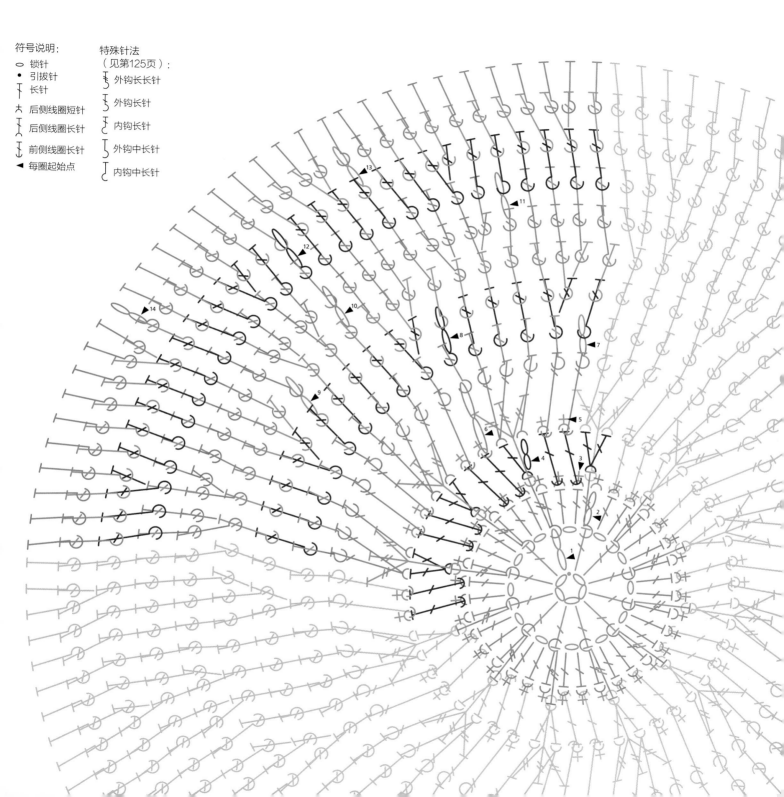

符号说明：
⌒ 锁针
• 引拔针
┬ 长针
大 后侧线圈短针
⌐ 后侧线圈长针
⌐ 前侧线圈长针
◄ 每圈起始点

特殊针法
（见第125页）：
⌐ 外钩长长针
⌐ 外钩长针
⌐ 内钩长针
⌐ 外钩中长针
⌐ 内钩中长针

海贝

海贝是我十分喜爱的花样。逐圈加宽的贝壳图案塑造出魅力十足的纹理效果。这款简约的边饰搭配起来是多么可爱，多么巧妙啊！

钩针：E-4
（3.5mm）

直径：18.5cm

起针（线A）：打一个魔术环或钩织10针锁针，在第1针锁针上引拔衔接成起针环。

第1圈：沿起针环钩24针长针。首尾衔接。

第2圈（线B）：*在长针上钩1针长针，1针锁针；从*起重复23次。首尾衔接。

第3圈（线C）：*在长针上钩1针短针，在下针上钩长针1针分3针（完成1个贝壳）；从*起重复11次。首尾衔接。

第4圈（线B）：*在贝壳的第2针上钩1针短针，跳过1针，在下针上钩长针1针分5针（完成1个贝壳），跳过下1针；从*起重复11次。首尾衔接。

第5圈（线A）：*在贝壳的第3针上钩1针短针，跳过2针，在下针上钩长针1针分5针（完成1个贝壳），跳过下2针；从*起重复11次。首尾衔接。

第6圈（线C）：*在贝壳的第3针上钩1针短针，跳过2针，在下针上钩长针1针分7针（完成1个贝壳），跳过2针；从*起重复11次。首尾衔接。

第7圈（线B）：*在贝壳的第4针上钩1针短针，跳过3针，在下针上钩长针1针分7针（完成1个贝壳），跳过3针；从*起重复11次。首尾衔接。

第8圈（线A）：*在贝壳的第4针上钩1针短针，跳过3针，在下针上钩长长针1针分7针（完成1个贝壳），跳过3针；从*起重复11次。首尾衔接。

第9圈（线C）：*在贝壳的第4针上钩1针短针，跳过3针，在下针上钩长长针1针分9针（完成1个贝壳），跳过3针；从*起重复11次。首尾衔接。

第10圈（线B）：*在贝壳的第5针上钩1针短针，2针锁针，跳过4针长长针，在下针上钩［（1针长长针，1针锁针）重复6次，1针长长针，2针锁针］，跳过4针；从*起重复11次。首尾衔接。

第11圈（线C）：*在短针上钩1针内钩中长针，2针锁针，［在下针上钩1针内钩中长针，1针锁针］重复6次，在下针上钩1针内钩中长针，2针锁针；从*起重复11次。首尾衔接。

打结并藏缝线尾。

符号说明：
◦　锁针
•　引拔针
†　长针
+　短针
‡　长长针
◀　每圈起始点

特殊针法（见第125页）：
ʃ　内钩中长针

爆米花

爆米花针与蕾丝环的甜蜜结合，令美丽的曼陀罗焕发出最迷人的风采。

钩针：D-3
（3.25mm）

直径：19cm

起针（线A）： 打一个魔术环或钩织5针锁针，在第1针锁针上引拔衔接成起针环。

第1圈： *沿起针环钩1针长针，1针锁针；从*起重复11次。首尾衔接。

第2圈（线B）： *在1针锁针的镂空处钩长针2针并1针，2针锁针；从*起重复11次。首尾衔接。

第3圈（线C）： *在2针锁针的镂空处钩1针爆米花针，4针锁针；从*起重复11次。首尾衔接。

第4圈（线B）： *在4针锁针的镂空处钩5针长针，在爆米花针上钩1针长针；从*起重复11次。首尾衔接。

第5圈： *在爆米花顶部钩1针长针，7针锁针，跳过5针；从*起重复11次。首尾衔接。

第6圈： *钩1针短针，在7针锁针的镂空处钩7针短针；从*起重复11次。首尾衔接。

第7圈（线A）： 每针各钩1针后侧线圈长针。首尾衔接。

第8圈（线B）： *钩7针短针，短针1针分2针；从*起重复11次。首尾衔接。

第9圈： *在短针上钩长针2针并1针，2针锁针，跳过下1针；从*起重复53次。首尾衔接。

第10圈（线C）： *在2针锁针的镂空处钩1针爆米花针，2针锁针；从*起重复53次。首尾衔接。

第11圈（线B）： *在爆米花针上钩1针长针，在2针锁针的镂空处钩2针长针；从*起重复53次。首尾衔接。

打结并藏缝线尾。

符号说明：

- ⌒ 锁针
- • 引拔针
- ┼ 长针
- ⋀ 长针2针并1针
- + 短针
- ╪ 后侧线圈长针
- ◄ 每圈起始点

特殊针法（见第125页）：

爆米花针=5针长针的爆米花针

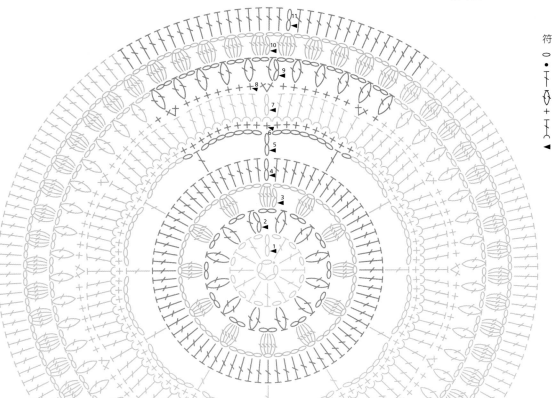

清新雏菊

雏菊一直是很讨人喜欢的花朵图案，正如这款清新的小雏菊，别看这款花样的钩织方法简单快捷，成品效果绝对令人眼前一亮哦！

钩针：D-3
（3.25mm）

直径：20.5cm

符号说明：

○ 锁针
• 引拔针
+ 短针
长针4针并1针
┬ 长针
◀ 每圈起始点

起针（线A）：打一个魔术环或钩织5针锁针，在第1针锁针上引拔衔接成起针环。

第1圈：沿起针环钩12针短针。首尾衔接。

第2圈（线B）：*钩13针锁针，在下针上引拔1针；从*起重复11次。首尾衔接。

第3圈（线C）：*在13针锁针的镂空处钩1针短针，5针锁针；从*起重复11次。首尾衔接。

第4圈：*在5针锁针的镂空处钩［长针4针并1针，3针锁针，长针4针并1针］，3针锁针；从*起重复11次。首尾衔接。

第5圈（线D）：*在3针锁针的镂空处钩3针长针，在长针4针并1针的玉编上钩1针长针；从*重复23次。首尾衔接。

第6圈（线C）：*在4针长针玉编顶部上钩1针短针，4针锁针，跳过3针长针；从*起重复23次。首尾衔接。

第7圈（线D）：在4针锁针的镂空处钩4针长针，1针锁针；从*起重复23次。首尾衔接。

第8圈（线E）：*钩长针4针并1针，5针锁针；从*起重复23次。首尾衔接。

第9圈（线D）：*在5针锁针的镂空处钩［长针4针并1针，3针锁针，长针4针并1针］，3针锁针，跳过长针4针并1针；从*起重复23次。首尾衔接。

第10圈：*在4针长针玉编间3针锁针形成的镂空处钩1针短针，与第8圈的长针4针并1针对齐，在下个3针锁针的镂空处钩7针长针；从*起重复23次。首尾衔接。

打结并藏缝线尾。

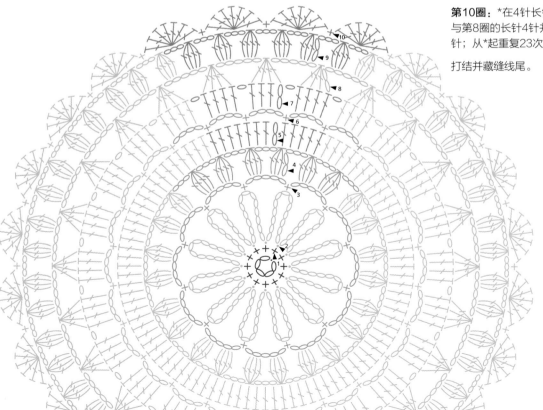

阿姆斯特丹郁金香

郁金香是花朵曼陀罗系列中绝对不可或缺的一员。这款曼陀罗堪称完美，中心的双头郁金香呈现出美丽而独特的装饰效果。

钩针：D-3
（3.25mm）
直径：24cm

起针（线A）： 打一个魔术环或钩织6针锁针，在第1针锁针上引拔衔接成环。

第1圈： 沿起针环钩12针短针。首尾衔接。

第2圈（线B）： 钩12针中长针1针分2针。首尾衔接。

第3圈（线C）： *在中长针上钩［1针长针，4针锁针，1针长针］，跳过2针；从*起重复7次。首尾衔接。

第4圈（线D）： *在4针锁针的镂空处钩［长针3针并1针，3针锁针，长针3针并1针］，3针锁针；从*起重复7次。首尾衔接。

第5圈（线B）： *在3针锁针的镂空处钩3针中长针，在长针3针并1针上钩1针中长针；从*起重复15次。首尾衔接。

第6圈： *钩7针中长针，在下针上钩中长针1针分2针；从*起重复7次。首尾衔接。

第7圈（线C）： 在中长针上钩［1针长针，3针锁针，1针长针］，跳过2针；从*起重复23次。首尾衔接。

第8圈（线E）： *在3针锁针的镂空处钩长针4针并1针，4针锁针；从*起重复23次。首尾衔接。

第9圈（线B）： *在4针长针玉编上钩1针中长针，在4针锁针的镂空处钩4针中长针；从*起重复23次。首尾衔接。

第10圈： 每针上各钩1针中长针。首尾衔接。

第11圈（线C）： *在中长针上钩［1针长针，2针锁针，1针长针］，跳过2针；从*起重复39次。首尾衔接。

第12圈（线F）： *在2针锁针的镂空处钩长针4针并1针，4针锁针；从*起重复39次。首尾衔接。

第13圈（线B）： *在4针长针玉编上钩1针中长针，在4针锁针的镂空处钩3针中长针；从*起重复39次。首尾衔接。

第14圈： *钩7针中长针，中长针1针分2针；从*起重复19次。首尾衔接。

第15圈： *钩1针短针，跳过2针，在下针上钩［（1针长针，3针锁针的狗牙针，1针锁针）重复3次，1针长针］，跳过2针中长针；从*起重复29次。首尾衔接。

打结并藏缝线尾。

符号说明：　　特殊针法（见第125页）：
◠ 锁针　　🐚 3针锁针的狗牙针
• 引拔针
+ 短针
Ｔ 中长针
⋔ 长针3针并1针
Ｆ 长针
🖐 长针4针并1针
◀ 每圈起始点

非洲花之恋

非洲花是一款在钩织界广受喜爱的经典样式，以这款超赞图案为基础设计的曼陀罗花样，最终
呈现出的效果果然不负众望！

钩针：D-3
（3.25mm）

直径：18.5cm

起针（线A）：打一个魔术环或钩织5针锁针，在第1针锁针上
引拔衔接成起针环。

第1圈：*沿起针环钩2针长针，1针锁针；从*起重复5次。首尾
衔接。

第2圈（线B）：在每个1针锁针的镂空处钩［2针长针，1针锁
针，2针长针］。首尾衔接。

第3圈（线A）：在每个1针锁针的镂空处钩7针长针。首尾
衔接。

第4圈（线C）：*钩7针短针，在第2圈两组2针长针的"交汇
点"上钩1针短针（延长短针）；从*起重复5次。首尾衔接。

第5圈：*在延长短针上钩1针短针，4针锁针，跳过3针短针，在

下针上钩1针短针，4针锁针，跳过3针短针；从*起重复5次。首
尾衔接。

第6圈（线B）：在每个4针锁针的镂空处钩［2针长针，2针锁
针，2针长针］。首尾衔接。

第7圈（线D）：在每个2针锁针的镂空处钩7针长针。首尾
衔接。

第8圈（线E）：*钩7针短针，在第6圈两组2针长针的"交汇
点"上钩1针延长短针；从*起重复11次。首尾衔接。

第9圈：*在延长短针上钩1针短针，4针锁针，跳过3针短针，在
下针上钩1针短针，4针锁针，跳过3针短针；从*起重复11次。
首尾衔接。

第10圈：*在4针锁针的镂空处钩1针短针，5针锁针；从*起重复
23次。首尾衔接。

第11圈（线A）：在每个5针锁针的镂空处钩5针长针。首尾
衔接。

第12圈（线E）：*钩5针短针，第10圈的短针上钩1针延长短
针；从*起重复23次。首尾衔接。

第13圈（线A）：在每针上钩1针后侧线圈长针。首尾
衔接。

第14圈（线E）：在每针上钩1针逆短针。首尾衔接。

打结并藏缝线尾。

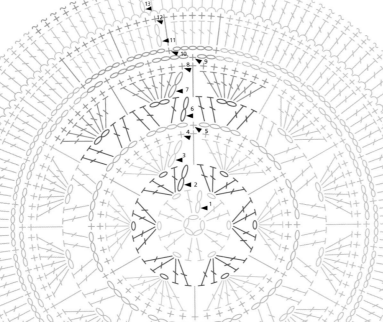

符号说明：
◯　锁针
●　引拔针
Ｉ　长针
十　短针
Ｉ　后侧线圈长针
◀　每圈起始点

特殊针法（见第125页）：
⚇　逆短针

东方百合

这款精美的曼陀罗花样，在制作小的圆形织片时，它的中心区域（前5圈）也可独立构成曼陀罗图案。

钩针：D-3
（3.25mm）

直径：19.5cm

起针（线A）：打一个魔术环或钩织6针锁针，在第1针锁针上引拔衔接成环。

第1圈：*沿起针环钩长长针3针并1针，3针锁针；从*起重复7次。首尾衔接。

第2圈（线B）：*在3针锁针的镂空处钩［长长针3针并1针，3针锁针，长长针3针并1针］，3针锁针；从*起重复7次。首尾衔接。

第3圈：*在3针锁针的镂空处钩3针短针，在3针长长针玉编上钩1针短针；从*起重复15次。首尾衔接。

第4圈（线C）：每针各钩1针后侧线圈短针。首尾衔接。

第5圈（线B）：每针各钩1针后侧线圈短针。首尾衔接。

第6圈：*钩1针短针，5针锁针，跳过3针；从*起重复15次。首尾衔接。

第7圈（线D）：在5针锁针的镂空处钩1针短针，2针锁针，在下个5针锁针的镂空处钩9针长针（形成1个贝壳），2针锁针；从*起重复7次。首尾衔接。

第8圈：*在贝壳第1针上钩1针短针，5针锁针，跳过3针，1针短针，5针锁针，跳过3针，1针短针，5针锁针，跳过1针短针；从*起重复7次。首尾衔接。

第9圈：*在5针锁针的镂空处钩1针短针，5针锁针，在下个5针锁针的镂空处钩1针短针，2针锁针，在下个5针锁针的镂空处钩9针长针（形成1个贝壳），2针锁针；从*起重复7次。首尾衔接。

第10圈：*在贝壳的第1针上钩长针1针分2针，［3针长针，长针1针分2针］重复2次，1针锁针，在下个5针锁针的镂空处钩［1针长针，3针锁针，1针长针］，1针锁针；从*起重复7次。首尾衔接。

第11圈：*在贝壳的第1针上钩长针1针分2针，10针长针，长针1针分2针，1针锁针，在下个3针锁针的镂空处钩［1针长针，3针锁针，1针长针］，1针锁针；从*起重复7次。首尾衔接。

第12圈：*在贝壳的每针上各钩1针短针，3针锁针，在3针锁针镂空处钩［1针长针，3针锁针，1针长针］，3针锁针；从*起重复7次。首尾衔接。

打结并藏缝线尾。

符号说明：· 引拔针　　大 后侧线圈短针　　↑ 长针
○ 锁针　　长长针3针并1针　　+ 短针　　◀ 每圈起始点

叶片蕾丝

这是一款神奇的万能型曼陀罗，可以参照第120~123页的创意作品章节，利用该图案钩织一条漂亮的毛毯。

钩针：D-3
（3.25mm）

直径：21.5cm

起针（线A）： 打一个魔术环或钩织4针锁针，在第1针锁针上引拔衔接成环。

第1圈： *沿起针环钩1针长针，1针锁针；从*起重复11次。首尾衔接。

第2圈： *钩长针1针分2针，1针锁针；从*起重复11次。首尾衔接。

第3圈（线B）： *钩长针2针并1针，3针锁针，1针长针，长针1针分2针，3针锁针；从*起重复5次。首尾衔接。

第4圈： 在长针2针并1针上钩1针长针，3针锁针，长针1针分2针，1针长针，长针1针分2针，3针锁针；从*起重复5次。首尾衔接。

第5圈： *在2个镂空间的长针上钩1针长针，3针锁针，长针1针分2针，[1针长针，长针1针分2针]重复2次，3针锁针；从*起重复5次。首尾衔接。

第6圈： *在2个镂空间的长针上钩[1针长针，3针锁针，1针长针]，3针锁针，8针长针，3针锁针；从*起重复5次。首尾衔接。

第7圈： *在第6圈第1针长针上钩1针长针，3针锁针镂空处钩3针长针，1针长针，3针锁针，长针2针并1针，4针长针，长针2针并1针，3针锁针；从*起重复5次。首尾衔接。

第8圈： *钩长针1针分2针，[1针长针，长针1针分2针]重复2次，5针锁针，长针2针并1针，2针长针，长针2针并1针，5针锁针；从*起重复5次。首尾衔接。

第9圈： *钩长针2针并1针，[1针长针，长针2针并1针]重复2次，5针锁针，在5针锁针的镂空处钩1针短针，5针锁针，[长针2针并1针]重复2次，5针锁针，在5针锁针的镂空处钩1针短针，5针锁针；从*起重复5次。首尾衔接。

第10圈： *钩长针2针并1针，1针长针，长针2针并1针，5针锁针，在5针锁针的镂空处钩1针短针，5针锁针，跳过下针，在5针锁针的镂空处钩1针短针，5针锁针，长针2针并1针，5针锁针，在5针锁针的镂空处钩1针短针，5针锁针，跳过下针，在5针锁针的镂空处钩1针短针，5针锁针；从*起重复5次。首尾衔接。

第11圈： *钩长针3针并1针，5针锁针，在5针锁针的镂空处钩1针短针，[5针锁针，跳过下针，在5针锁针的镂空处钩1针短针]重复5次，5针锁针；从*起重复5次。首尾衔接。

第12圈： *在5针锁针的镂空处钩1针短针，5针锁针；从*起重复41次。首尾衔接。

第13圈（线C）： *在5针锁针的镂空处钩1针短针，5针锁针；从*起重复41次。首尾衔接。

打结并藏缝线尾。

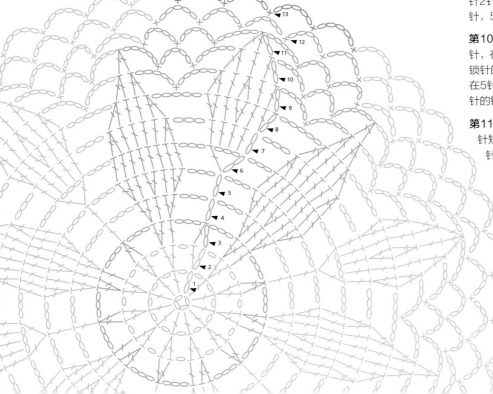

符号说明：

◠ 锁针	╋ 短针
● 引拔针	长针3针并1针
╎ 长针	◀ 每圈起始点
长针2针并1针	

草莓花

这款曼陀罗拥有一种难以名状的魅力，是否与可爱的边饰有关呢？

钩针：D-3
（3.25mm）
直径：21cm

起针（线A）：打一个魔术环或钩织5针锁针，在第1针锁针上引拔衔接成环。

第1圈：沿起针环钩12针短针。首尾衔接。

第2圈：*钩1针长针，3针锁针，跳过1针；从*起重复5次。首尾衔接。

第3圈：*在3针锁针的镂空处钩［1针短针，2针长针，1针长长针，2针长针，1针短针］；从*起重复5次。首尾衔接。

第4圈（线B）：在第2针短针上钩1针后侧线圈长针，在下针上钩1针后侧线圈中长针，钩3针后侧线圈短针，1针后侧线圈中长针，1针后侧线圈长针；从*起重复5次。首尾衔接。

第5圈：*钩2针长针，长针1针分2针；从*起重复13次。首尾衔接。

第6圈（线C）：*钩［长针2针并1针，5针锁针，长针2针并1针］，1针锁针，跳过3针；从*起重复13次。首尾衔接。

第7圈（线B）：*在1针锁针处钩1针短针，1针锁针，在5针锁针的镂空处钩5针长针，1针锁针；从*起重复13次。首尾衔接。

第8圈（线C）：*在第3针长针上钩1针短针，在下针上钩［长针2针并1针，6针锁针，长针2针并1针］；从*起重复13次。首尾衔接。

第9圈（线B）：*在短针上钩1针短针，在6针锁针的镂空处钩9针长针；从*起重复13次。首尾衔接。

第10圈（线C）：*在第5针长针上钩［长针2针并1针，6针锁针，长针2针并1针］，6针锁针；从*起重复13次。首尾衔接。

第11圈（线B）：*在两组长针2针并1针间的6针锁针的镂空处钩13针长针，在下个6针锁针的镂空处钩1针短针；从*起重复13次。首尾衔接。

第12圈：*钩13针后侧线圈长针，在短针上钩1针短针，7针锁针，在同一短针上引拔1针；从*起重复13次。首尾衔接。

打结。

第13圈（线A）：本圈将在第12圈每个7针锁针的镂空处独立织。*在7针锁针的镂空处钩［1针短针，3针锁针，1针短针，3针锁针，1针短针］，打结；从*起重复13次。

藏缝线尾。

符号说明：
- ◯ 锁针
- ● 引拔针
- + 短针
- † 长针
- ‡ 长长针
- 后侧线圈长针

- 后侧线圈中长针
- 长针2针并1针
- 后侧线圈短针
- ◄ 每圈起始点

沉静花语

这款花朵曼陀罗可以呈现出多种多样的个性表现形式。重复钩织的两圈花瓣兼容了紧实织片的
厚重与镂空织片的通透，为这款曼陀罗带来与众不同的层次感。

钩针：D-3
（3.25mm）
直径：22.5cm

起针（线A）：打一个魔术环或钩织9针锁针，在第1针锁针上引拔衔接成环。

第1圈（线A）：沿起针环钩24针长针。首尾衔接。

第2圈（线B）：*钩长针2针并1针，3针锁针，跳过1针；从*起重复11次。首尾衔接。

第3圈（线C）：*在长针2针并1针上钩1针长针，在3针锁针的镂空处钩3针长针；从*起重复11次。首尾衔接。

第4圈：在长针2针并1针顶部的长针上钩1针短针，跳过1针，长针1针分5针（形成1个贝壳），跳过1针；从*起重复11次。首尾衔接。

第5圈（线A）：*在贝壳的第3针上钩1针后侧线圈短针，1针后侧线圈中长针，3针后侧线圈长针，1针后侧线圈中长针；从*起重复11次。首尾衔接。

第6圈：*在中间长针上钩1针短针，跳过2针，在下针短针上钩针1针分9针（形成1个贝壳），跳过2针；从*起重复11次。首尾衔接。

第7圈（线B）：*在贝壳的第5针上钩1针短针，3针锁针，跳过4针长针，在短针上钩[1针长针，9针锁针，1针长针]，3针锁针，跳过4针长针；从*起重复11次。首尾衔接。

第8圈（线C）：*在短针上钩1针短针，在9针锁针的镂空处钩15针长针；从*起重复11次。首尾衔接。

第9圈（线B）：*在第8针长针上钩1针短针，5针锁针，跳过7针长针，在短针上钩1针长针，5针锁针，跳过7针长针；从*起重复11次。首尾衔接。注意：在这一圈，曼陀罗织片有可能微微上翘呈"碗状"，钩织下一圈时会得以纠正。

第10圈：*在长长针上钩1针长针，在5针锁针的镂空处钩5针长针，在短针上钩1针长针，在5针锁针的镂空处钩5针长针；从*起重复11次。首尾衔接。

第11圈：*钩7针长针，长针1针分2针；从*起重复17次。首尾衔接。

第12圈：*钩8针长针，长针1针分2针；从*起重复17次。首尾衔接。

第13圈（线C）：每针各钩1针短针。首尾衔接。

第14圈（线B）：更换大一号钩针。*每针各钩1针后侧线圈引拔针。首尾衔接。

打结并藏缝线尾。

符号说明：

◠ 锁针	后侧线圈长针
• 引拔针	+ 短针
长针	长长针
长针2针并1针	后侧线圈引拔针
后侧线圈短针	◀ 每圈起始点
后侧线圈中长针	

野花遍地

如果想在一个慵懒的午后，体验裸脚漫步花丛的感觉，这款曼陀罗可以算作近乎完美的选择！一朵朵小野花很容易让人钩织成瘾，即使最终钩出一箩筐的花朵织片，也不要感到惊讶哦！

钩针：E-4
（3.5mm）

直径：20.5cm

符号说明：
◦ 锁针
• 引拔针
+ 短针
⊤ 中长针
◀ 每圈起始点

特殊针法（见第125页）：
🌐 爆米花针=5针长针的爆米花针

说明：

这款曼陀罗共包含9片花朵织片。中心的花朵织片由前2圈钩织而成。可以选择喜爱的配色，根据第1~2圈的钩织说明与花样钩织另外8朵花。

花朵

起针（线A）： 打一个魔术环或钩织4针锁针，在第1针锁针上引拔衔接成环。

第1圈： 沿起针环钩6针短针。首尾衔接。

第2圈（线B）： *在每针上钩［1针引拔针，3针锁针，1针爆米花针，3针锁针，1针引拔针］。首尾衔接。

曼陀罗

第3圈（线C）： *在爆米花针后侧钩1针短针（不要在爆米花针顶部钩织，在稍靠下的位置），3针锁针；从*起重复5次。首尾衔接。

第4圈： *在3针锁针的镂空处钩5针短针，1针短针；从*起重复5次。首尾衔接。

第5圈： *钩6针短针，短针1针分2针；从*起重复4次。首尾衔接。

第6圈： *钩7针短针，短针1针分2针；从*起重复4次。首尾衔接。

第7圈： 在第6圈上衔接8朵花，可在钩织花朵的过程中直接以引拔针衔接，也可以先将花朵钩织完成，再逐一缝合。具体衔接位置请参照花样。

第8圈（线C）： 在朝向外侧的两片花瓣的第1片上开始钩织本圈。*在爆米花针后侧钩织1针短针（在稍靠下的位置），3针锁针，在下个爆米花针上钩1针短针，6针锁针；从*起重复7次。首尾衔接。

第9圈（线C）： *在3针锁针的镂空处钩5针中长针，在短针上钩1针中长针，在6针锁针的镂空处钩8针中长针，在下针上钩1针中长针；从*起重复7次。首尾衔接。

第10圈： 每针上各钩1针中长针。首尾衔接。

第11圈（线A）： *钩1针短针，2针锁针，跳过2针；从*起重复39次。首尾衔接。

第12圈（线C）： *钩2针锁针的镂空处钩3针中长针；从*起重复39次。首尾衔接。

第13圈（线A）： *在2个3针中长针玉编间的镂空处钩1针短针，3针锁针；从*起重复39次。首尾衔接。

第14圈（线C）： *在3针锁针的镂空处钩4针中长针；从*起重复39次。首尾衔接。

第15圈（线A）： *在2个4针中长针玉编间的镂空处钩1针短针，4针锁针；从*起重复39次。首尾衔接。

打结并藏缝线尾。

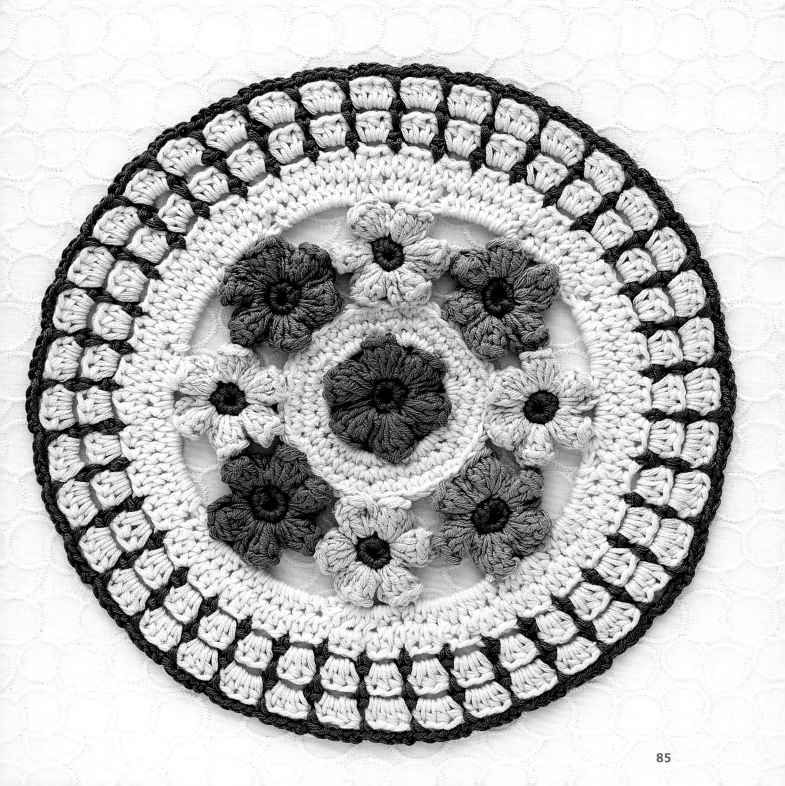

圈圈绵绵

这款曼陀罗厚实绵软的质感简直令人不可思议。在完成该作品的那一刻，一定会情不自禁地想要将它拥入怀中。在钩织第一个线环时可能略有难度，但之后便会轻松上手，这种技法是基于最简单的短针针法，并没有看起来那么复杂。

钩针：E-4
（3.5mm）

直径：14cm

说明：

• 这款曼陀罗需从反面进行钩织，以便线环展现在织品正面。该花样采用双环针进行钩织，每一针产生两个线环——从而塑造出绵软厚重的质感。

• 建议利用记号扣标记出每圈第1针的位置，否则线环众多，后续会很难辨认起针位置。

起针（线A）： 打一个魔术环或钩织4针锁针，在第1针锁针上引拔衔接成环。

第1圈： 沿起针环钩6针短针。首尾衔接。

第2圈： 每针钩1组成对双环针。首尾衔接。

第3圈： *钩1针双环针，1组成对双环针；从*起重复5次。首尾衔接。

第4圈（线B）： *钩2针双环针，1组成对双环针；从*起重复5次。首尾衔接。

第5圈： *钩3针双环针，1组成对双环针；从*起重复5次。首尾衔接。

第6圈（线C）： *钩4针双环针，1组成对双环针；从*起重复5次。首尾衔接。

第7圈： *钩5针双环针，1组成对双环针；从*起重复5次。首尾衔接。

第8圈： *钩6针双环针，1组成对双环针；从*起重复5次。首尾衔接。

第9圈（线D）： *钩7针双环针，1组成对双环针；从*起重复5次。首尾衔接。

第10圈（线E）： *钩8针双环针，1组成对双环针；从*起重复5次。首尾衔接。

第11圈： *钩9针双环针，1组成对双环针；从*起重复5次。首尾衔接。

第12圈（线F）： *钩10针双环针，1组成对双环针；从*起重复5次。首尾衔接。

打结并藏缝线尾。

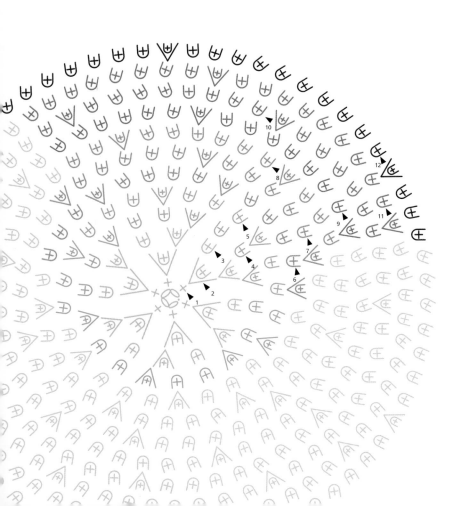

符号说明：

◯ 锁针

• 引拔针

+ 短针

◀ 每圈起始点

特殊针法（见第125页）：

ᗕ 双环针=绑定两圈线环的短针

Ⓥ 成对双环针=两个双环针

层层环套

这种从花样中后圈挑针挂起前圈环索的技法，使这款曼陀罗充满了动感和活力。该花样难度并不大，但却需要集中注意力，确保钩织的准确性。

钩针：D-3
（3.25mm）
直径：18.5cm

起针（线A）： 打一个魔术环或钩织4针锁针，在第1针锁针上引拔衔接成环。

第1圈： 沿起针环钩8针短针。首尾衔接。

第2圈： 在各针上钩短针1针分2针。首尾衔接。（记作16针短针）

第3圈： *钩1针短针，在下针上钩短针1针分2针；从*起重复7次。首尾衔接。（记作24针短针）

第4圈（线B）： *钩1针短针，8针锁针，跳过2针；从*起重复7次。首尾衔接。

第5圈（线A）： *在8针锁针的镂空处钩5针长针，2针锁针，从*起重复7次。首尾衔接。

第6圈： *在2针锁针的镂空处钩5针长针，5针锁针；从*起重复7次。首尾衔接。

第7圈： *在第2针长针上钩1针长针，钩2针长针，3针锁针，在5针锁针的镂空处钩3针长针，3针锁针；从*起重复7次。首尾衔接。

第8圈（线B）： 在第5圈和第6圈上进行钩织。*第5圈：在第2针长针上钩1针长针，钩2针长针。在第6圈5针锁针的镂空处引拔1针，8针锁针，在第6圈下个5针锁针的镂空处引拔1针；从*起重复7次。首尾衔接。

第9圈（线A）： 在第7圈上进行钩织。*在3针锁针镂空处钩3针长针，在下针钩1针长针，挑起并固定第8圈8针锁针形成的环索，在下针上钩1针长针，再下针钩1针长针；从*起重复7次。首尾衔接。

第10圈（线C）： *钩3针长针，在下针上钩长针1针分2针；从*起重复23次。首尾衔接。

第11圈： *在第1针上钩长针4针并1针，3针锁针，跳过2针；从*起重复39次。首尾衔接。

第12圈（线B）： *在3针锁针的镂空处钩1针短针，4针锁针；从*起重复39次。首尾衔接。

第13圈（线D）： 在4针锁针的镂空处钩1针短针，3针锁针，在同一4针锁针的镂空处再钩1针短针，2针锁针；从*起重复39次。首尾衔接。

打结并藏缝线尾。

符号说明：
◦ 锁针
• 引拔针
+ 短针
† 长针
⟨†⟩ 长针4针并1针
◄ 每圈起始点

89

欢庆时刻

　　想钩多大就钩多大的美丽花样，只需在书中花样的基础上，不断添加小花样即可。何不大胆尝
试一下，利用布条来钩织一块既舒适又个性的地垫呢？

钩针：E-4
（3.5mm）

直径：14.5cm

说明：

• 如钩织范例所示款式，共需钩织37片小号圆形织片。

各色分别钩织：线A　1片

　　　　　　　　　线B　6片

　　　　　　　　　线C　12片

　　　　　　　　　线D　18片

可以一边钩织一边进行衔接，也可以完成所有织片后再进行缝合。

• 只需继续增加圈数便可不断扩大织品的尺寸。每增加1圈需加钩6片圆形织片。

起针：打一个魔术环或钩织4针锁针，在第1针锁针上引拔衔接成环。

第1圈：沿起针环钩12针长针。

打结并藏缝线尾。

拼接：

钩织衔接法：参照花样中标注的衔接点进行衔接。在钩织第2片圆片的第1针长针时，需与第1片圆片进行衔接。钩织方法：钩针挂线，将钩针插入圆片2的起针环并将线引出，再次挂线，同时引过钩针上的2个线圈，然后（在完成第1针长针前）将钩针插入圆片1衔接点的后排线圈，完成该长针的钩织。此时两圆片完成衔接。继续照此方法进行所有圆片的钩织和拼接。

缝合衔接法：钩织完成37片圆形织片，然后将所有织片按照衔接顺序排列。利用毛线针进行缝合，注意仅穿缝后排线圈。

符号说明：

○ 锁针

● 引拔针

† 长针

– 衔接点

情迷四月

如果是爆米花针的痴迷者，那么一定会感到钩织这款花样十分过瘾。只需一根钩针和一团毛线便可塑造出如此可爱的图案，真是令人为之着迷。

钩针：E-4
（3.5mm）

直径：22.5cm

说明：

由于该花样每组间有一条镂空花纹，建议每圈的第1针均在前一圈的第1针顶部进行钩织，以免形成一条明显的起针线。

起针（线A）： 打一个魔术环或钩织4针锁针，在第1针锁针上引拔衔接成环。

第1圈： *在起针环上钩1针长针，2针锁针；从*起重复7次。首尾衔接。

第2圈（线B）： *在2针锁针的镂空处钩长针3针并1针，4针锁针；从*起重复7次。首尾衔接。

第3圈（线C）： *在4针锁针的镂空处钩 [1针长针，2针锁针，1针爆米花针，2针锁针，1针长针，2针锁针]；从*起重复7次。首尾衔接。

第4圈： *在长针上钩1针长针，[2针锁针，在下个2针锁针的镂空处钩1针爆米花针]重复2次，2针锁针，在下针上钩1针长针，2针锁针；从*起重复7次。首尾衔接。

第5圈： *在长针上钩1针长针，[2针锁针，在下个2针锁针的镂空处钩1针爆米花针]重复3次，2针锁针，在下针上钩1针长针，2针锁针；从*起重复7次。首尾衔接。

第6、7、8圈： 按照这样的规律继续钩织，逐圈增加爆米花针。

第9圈： *在长针上钩1针长针，[2针锁针，在下个2针锁针的镂空处钩1针爆米花针]重复7次，2针锁针，在下针上钩1针长针，2针锁针；从*起重复7次。首尾衔接。

第10圈（线B）： *在长针上钩1针长针，[2针锁针，在下个2针锁针的镂空处钩1针爆米花针]重复8次，2针锁针，在下针上钩1针长针，2针锁针；从*起重复7次。首尾衔接。

打结并藏缝线尾。

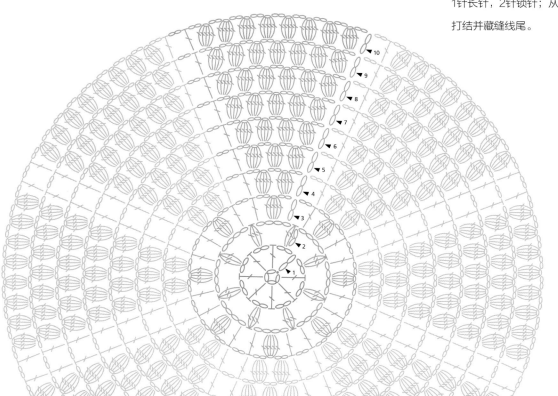

符号说明：
∘ 锁针
• 引拔针
┼ 长针
⋔ 长针3针并1针
◄ 每圈起始点

特殊针法（见第125页）：
 爆米花针=5针长针的爆米花针

璀璨时光

如果此前从未尝试过钩织提花针，那么这款曼陀罗将是最理想的入门款式。利用这种简单而实用的技巧，很快可以完成这样一款质感紧密厚实的曼陀罗织片。

钩针：D-3
（3.25mm）
直径：23cm

缩写说明：
换至线A（或B）
=在上一针最后一步"钩针挂线并引线"时，更换为线A（或线B）。

说明：

- 用这种技法钩织时，需同时钩带两种颜色或两股钩织线。暂时不用的颜色需随各针挂在织片后侧，需要时再挑起钩织。

- 在花样指示需换线时，仍利用当前色钩织线，按照常规方法钩织最后1针长针，但需更换为第二种颜色的钩织线进行最后一次钩针挂线（第一种颜色置于一侧）。然后利用第二种颜色钩织指定数目的长针。当需要换回第一种颜色时，先利用第二种颜色钩织最后1针长针，在最后一步更换为第一种颜色。所以，总体方法可概括为：在花样标注换线位置前一针开始准备换线，利用下一种颜色的钩织线完成最后1针长针的最后一步。

起针（线A）： 打一个魔术环或钩织6针锁针，在第1针锁针上引拔衔接成环。

第1圈（线A和线B）： 在起针环上钩1针长针（线A），最后一步挂线时更换为线B并完成第1针长针，沿起针环钩织1针长针（线B），最后一步挂线时更换为线A并完成该长针；从*起重复7次。首尾衔接。此时完成线A和线B交替钩织的16针长针。

第2圈： *在任一线A钩织的长针上钩长针1针分2针（线A），换至线B，在下针上钩长针1针分2针，换至线A；从*起重复7次。首尾衔接。

第3圈： *在任一线A针组的第1针上钩1针长针（线A），在下针上钩长针1针分2针，换至线B，钩1针长针，在下针上钩长针1针分2针，换至线A；从*起重复7次。首尾衔接。

第4圈： *在任一线A针组上钩2针长针（线A），在下针上钩长针1针分2针，换至线B，钩2针长针，在下针上钩长针1针分2针，换至线A；从*起重复7次。首尾衔接。

第5圈： *在任一线A针组上钩3针长针（线A），在下针上钩长针1针分2针，换至线B，钩3针长针，在下针上钩长针1针分2针，换至线A；从*起重复7次。首尾衔接。

第6圈： *在任一线A针组的第2针上钩1针长针（线A），在下2针上各钩1针长针，换至线B，钩1针长针，在下针上钩长针1针分2针，钩4针长针，长针1针分2针，换至线A；从*起重复7次。首尾衔接。

第7圈： *在任一线A针组的第2针上钩1针长针（线A），换至线B，钩1针长针，在下针上钩长针1针分2针，钩5针长针，长针1针分2针，钩3针长针，换至线A；从*起重复7次。首尾衔接。

第8圈： *在任一线B针组的第2针上钩长针1针分2针（线B），钩6针长针，长针1针分2针，钩3针长针，换至线A，钩3针长针，换至线B；从*起重复7次。首尾衔接。

第9圈： *在任一线B针组的第2针上钩1针长针（线B），在下针上钩1针长针，长针1针分2针，钩7针长针，长针1针分2针，换至线A，钩5针长针，换至线B；从*起重复7次。首尾衔接。

第10圈： *在任一线B针组的第2针上钩1针长针（线B），在下针上钩长针1针分2针，钩8针长针，长针1针分2针，换至线A，钩7针长针，换至线B；从*起重复7次。首尾衔接。

第11圈： *在任一线B针组的第2针上钩长针1针分2针（线B），钩9针长针，长针1针分2针，换至线A，钩9针长针，换至线B；从*起重复7次。首尾衔接。

第12圈： *在任一线B针组的第2针上钩1针长针（线B），钩3针长针，长针1针分2针，钩6针长针，换至线A，钩4针长针，长针1针分2针，钩6针长针，换至线B；从*起重复7次。首尾衔接。

打结并藏缝线尾。

符号说明：
○ 锁针
● 引拔针
┬ 长针
◀ 每圈起始点

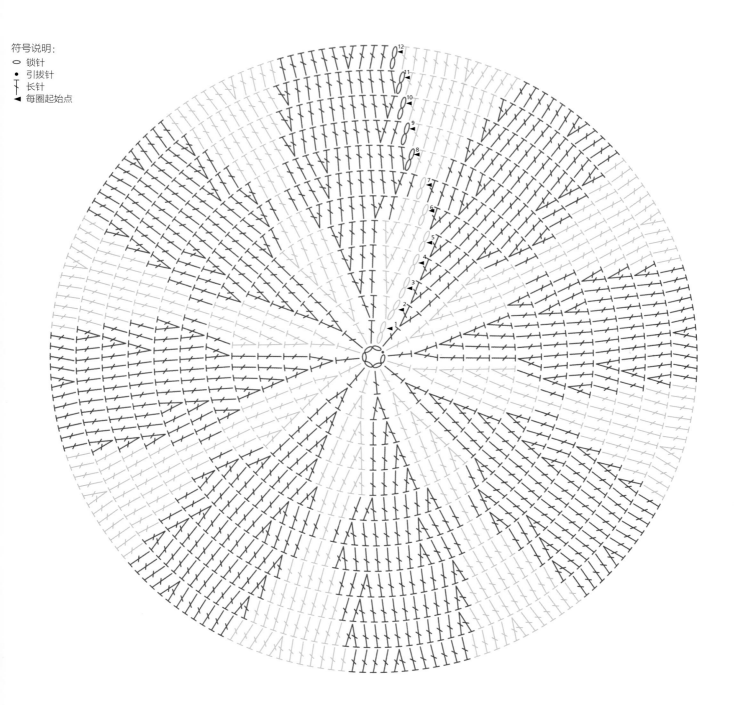

素雅复古风

这款曼陀罗用一句话来评价就是：个头小，颜值高。虽然在这本书中它不算最简单的样式，但它一定会令编织者感到一切付出都是值得的！

钩针：D-3
（3.25mm）
直径：13.5cm

说明：
图样用多种颜色标注，可以更加清晰地展示效果。

起针（线A）：打一个魔术环或钩织5针锁针，在第1针锁针上引拔衔接成环。

第1圈：*在起针环上钩1针长针，1针锁针；从*重复11次。首尾衔接。

第2圈（线B）：*在1针锁针处钩长针3针并1针，3针锁针；从*起重复11次。首尾衔接。

第3圈（线C）：在3针锁针的镂空处钩5针长针，重复11次。首尾衔接。

第4圈（线A）：*从任一5针长针针组的第4针开始钩4针后侧线圈短针，在第1圈长针上钩1外钩3卷长针；从*起重复11次。首尾衔接。

第5圈（线C）：*在外钩3卷长针上钩长长针1针分2针，在第3圈下4针长针上各钩1前侧线圈长针；从*起重复11次。首尾衔接。

第6圈（线A）：*在第4圈外钩3卷长针上钩外钩长长针1针分3针，在下4针长针上钩1针后侧线圈短针；从*起重复11次。首尾衔接。

第7圈（线C）：请注意：在本圈后侧线圈针应在3针外钩长长针后侧的2针长针上进行钩织，前侧线圈针应在两个外钩长长针玉编间的4针长针上进行钩织。本圈各针均在第5圈上进行钩织。*在3针外钩长长针玉编后侧第5圈第1针长针上钩1针后侧线圈长针，在第5圈下针长针上钩1针后侧线圈长针，在第5圈下4针长针上各钩1针前侧线圈长针；从*起重复11次。首尾衔接。

第8圈（线A）：*在第7圈的第2和第3针前侧线圈长针间钩1针短针，3针锁针，在第6圈的3针外钩长长针上钩长长针3针并1针，3针锁针；从*起重复11次。首尾衔接。

第9圈（线B）：*在长长针3针并1针的顶部钩1针短针，在3针锁针的镂空处钩3针短针，在第2圈长针3针并1针的玉编上钩外钩4卷长针，在3针锁针的镂空处钩3针短针；从*起重复11次。首尾衔接。

第10圈（线A）：*在长长针3针并1针顶部的短针上钩1针短针，5针锁针，跳过3针，在外钩4卷长针上钩长针3针并1针，5针锁针，跳过3针；从*起重复11次。首尾衔接。

第11圈（线A）：*在长针3针并1针顶部钩1针短针，3针锁针的狗牙针，在5针锁针的镂空处钩5针短针，在第8圈长针3针并1针上钩外钩长针2针并1针，在5针锁针的镂空处钩5针短针；从*起重复11次。首尾衔接。

打结并藏缝线尾。

符号说明：

○ 锁针
● 引拔针
┃ 长针
⊖ 长针3针并1针
人 后侧线圈短针
┃ 前侧线圈长针

┠ 后侧线圈长针
+ 短针
⋔ 长针3针并1针
► 每圈起始点

特殊针法（见第125页）：

⌇ 外钩3卷长针
⌇ 外钩长长针
⋔ 外钩4卷长针
⋔ 外钩长针2针并1针
⊚ 3针锁针的狗牙针

悠然海风

泡芙针与个性边饰的结合呈现出无可否认的魅力。特别需要注意的是边饰中短针的钩织位置一定要准确。

钩针：E-4
（3.5mm）
直径：19.5cm

说明：
每圈的第1针泡芙针可依照如下方法钩织：钩针挂线，用握持钩针的手指将线圈固定住，再按照常规方法完成泡芙针的钩织。

起针（线A）： 打一个魔术环或钩织4针锁针，在第1针锁针上引拔衔接成环。

第1圈： 沿起针环钩8针短针。首尾衔接。

第2圈： *钩1针泡芙针，3针锁针；从*起重复7次。首尾衔接。

符号说明：
- ⌒ 锁针
- • 引拔针
- + 短针
- ◀ 每圈起始点

特殊针法
（见第125页）：
〇 泡芙针

第3圈（线B）： *在泡芙针上钩1针短针，在3针锁针的镂空处钩3针短针；从*起重复7次。首尾衔接。

第4圈： *在泡芙针顶部的短针上钩1针泡芙针，2针锁针，跳过下针；从*起重复15次。首尾衔接。

第5圈（线A）： *在泡芙针上钩1针短针，在2针锁针的镂空处钩2针短针；从*起重复15次。首尾衔接。

第6圈： *在泡芙针顶部的短针上钩1针泡芙针，2针锁针，跳过下针；从*起重复23次。首尾衔接。

第7圈（线B）： *在泡芙针上钩1针短针，在2针锁针的镂空处钩2针短针；从*起重复23次。首尾衔接。

第8圈： *在泡芙针顶部的短针上钩1针泡芙针，2针锁针，跳过下针；从*起重复35次。首尾衔接。

第9圈（线A）： *在泡芙针上钩1针短针，在2针锁针的镂空处钩2针短针；从*起重复35次。首尾衔接。

第10圈： *在泡芙针顶部的短针上钩1针泡芙针，2针锁针，跳过下针；从*起重复35次。首尾衔接。

第11圈（线B）： *在泡芙针上钩1针短针，在2针锁针的镂空处钩3针短针；从*起重复35次。首尾衔接。

说明： 在第12~17圈用短针塑造出纵行锯齿效果的方法如下：将钩针插入前一圈短针，但插入位置应比常规钩织短针时略低。在该短针V字形之间钩织1针短针。

第12圈（线A）： *在泡芙针顶部的短针上钩1针短针，3针锁针，跳过3针；从*起重复35次。首尾衔接。

第13圈（线B）： *在短针上钩1针短针，3针锁针；从*起重复35次。首尾衔接。

第14、15、16圈（线A、线B、线A）： *在短针上钩1针短针，4针锁针；从*起重复35次。首尾衔接。

第17、18圈（线B、线A）： *在短针上钩1针短针，5针锁针；从*起重复35次。首尾衔接。

打结并藏缝线尾。

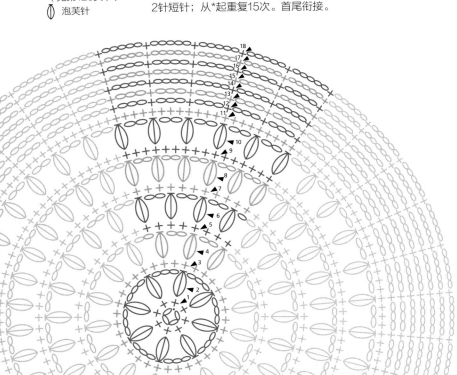

边饰

　　这里介绍了5款边饰，有了它们，最简单的曼陀罗也可实现华丽变身。为了让大家更加直观地了解各款边饰的不同效果，选用了一款最基础的曼陀罗作为搭配：按照第42页"多彩圆环"的方法钩织第1~12圈。如果钩织的曼陀罗最后一圈针数与范例不同，可对边饰花样进行简单的调整，使之与您的实际针数相匹配。为了确保最终完成的织品平整舒展，添加边饰时请参照第19页提供的小窍门。

优雅边饰

这款简单实用的边饰需同时采用双色线进行钩织。建议钩织时更换大一号的钩针，以免织品上翘成碗状。

用线A钩1针引拔针，将线B引过该针并钩1针引拔针，同时利用手指将线A固定在织片后侧。固定住线B，相同方法再利用线A钩1针引拔针。

交替两种颜色的钩织线沿本圈进行钩织。利用毛线针进行首尾的无缝衔接并藏缝线尾。

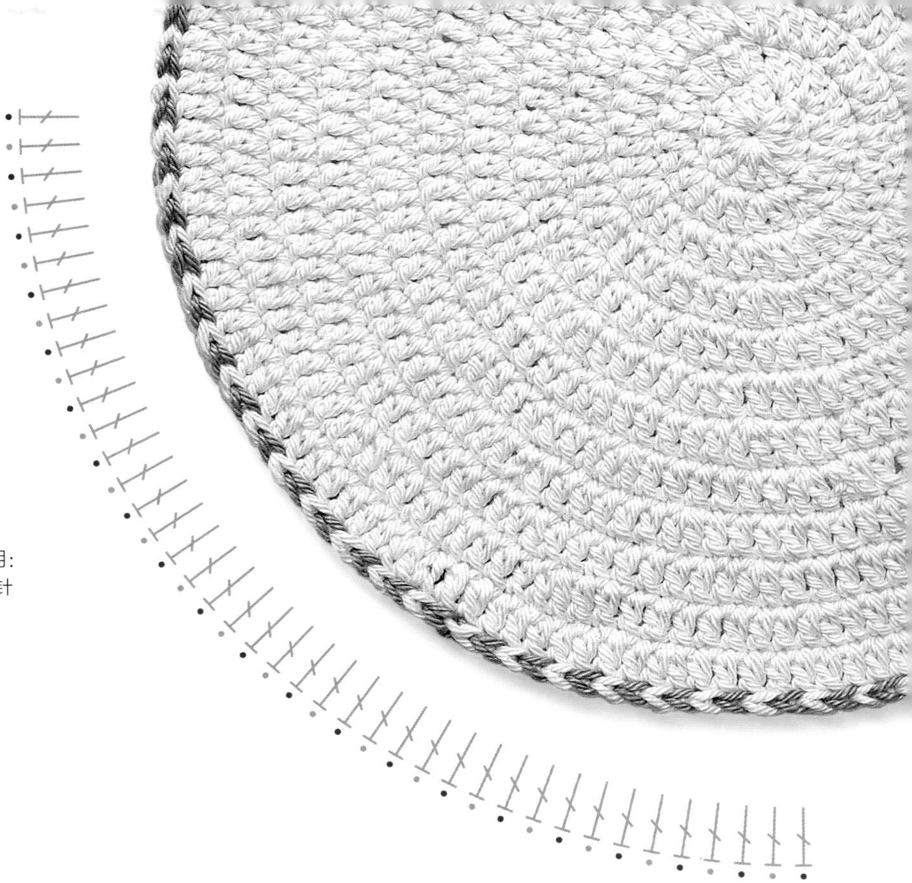

符号说明：
● 引拔针

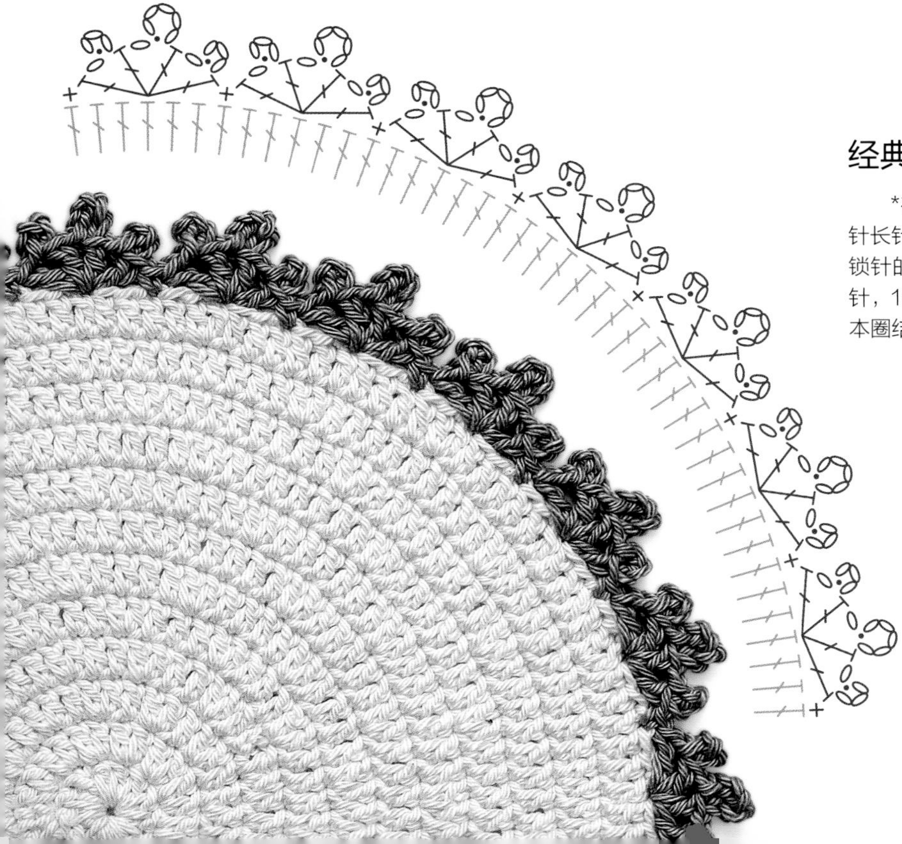

经典边饰

*在第1针上钩1针短针，跳过2针，在下针上钩[1针长针，3针锁针的狗牙针，1针锁针，1针长针，5针锁针的狗牙针，1针锁针，1针长针，3针锁针的狗牙针，1针锁针，1针长针]，跳过2针；从*起重复钩织至本圈结束。首尾衔接并藏缝线尾。

符号说明：　特殊针法（见第125页）：
+ 短针　　　　🐚 3针锁针的狗牙针
┬ 长针　　　　🐚 5针锁针的狗牙针
○ 锁针

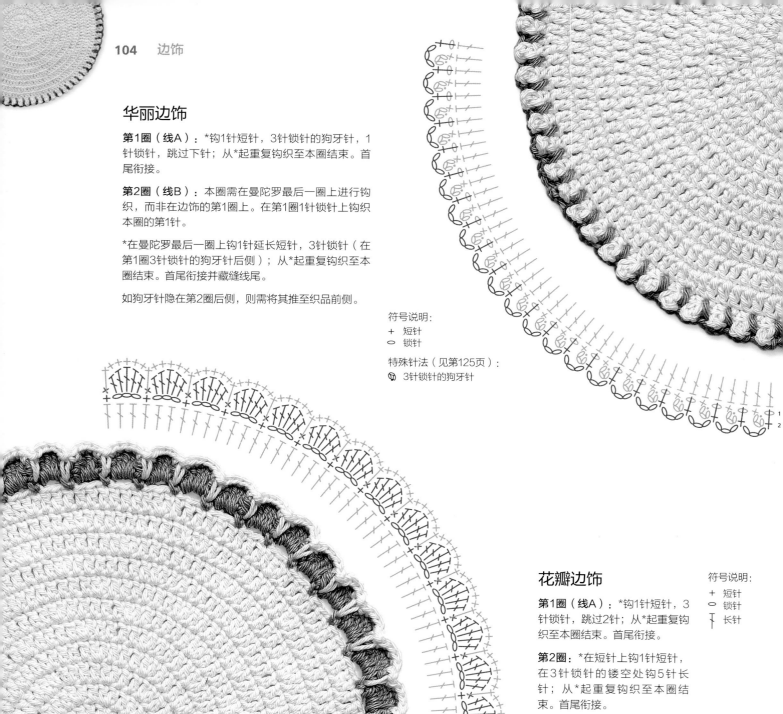

华丽边饰

第1圈（线A）：*钩1针短针，3针锁针的狗牙针，1针锁针，跳过下针；从*起重复钩织至本圈结束。首尾衔接。

第2圈（线B）：本圈需在曼陀罗最后一圈上进行钩织，而非在边饰的第1圈上。在第1圈1针锁针上钩织本圈的第1针。

*在曼陀罗最后一圈上钩1针延长短针，3针锁针（在第1圈3针锁针的狗牙针后侧）；从*起重复钩织至本圈结束。首尾衔接并藏缝线尾。

如狗牙针隐在第2圈后侧，则需将其推至织品前侧。

符号说明：

+ 短针

○ 锁针

特殊针法（见第125页）：

🐾 3针锁针的狗牙针

花瓣边饰

符号说明：

+ 短针

○ 锁针

Ŧ 长针

第1圈（线A）：*钩1针短针，3针锁针，跳过2针；从*起重复钩织至本圈结束。首尾衔接。

第2圈：*在短针上钩1针短针，在3针锁针的镂空处钩5针长针；从*起重复钩织至本圈结束。首尾衔接。

第3圈（线B）：*在第1圈短针上钩1针延长短针，钩5针短针；从*起重复钩织至本圈结束。首尾衔接并藏缝线尾。

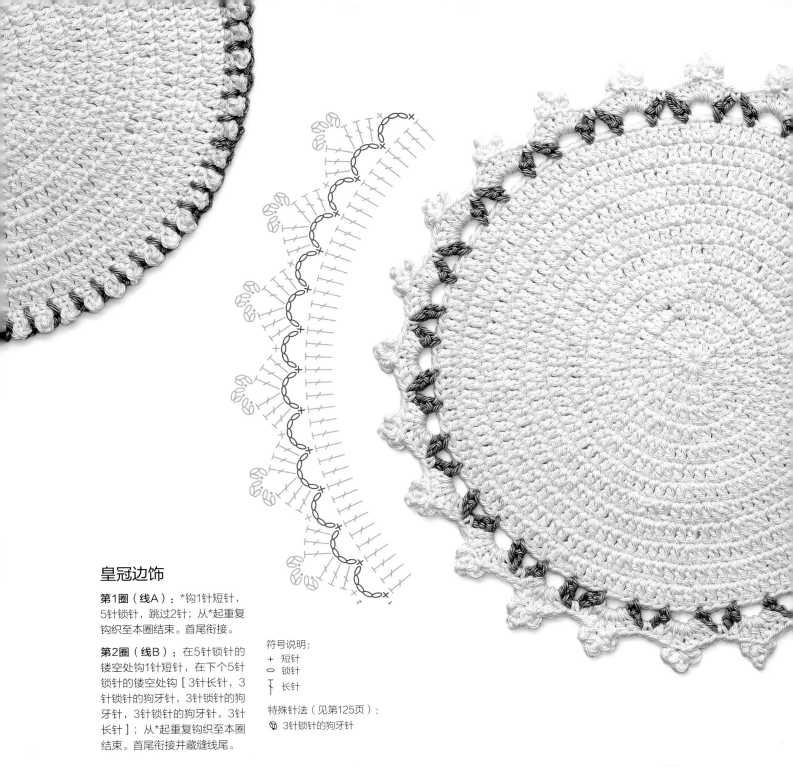

皇冠边饰

第1圈（线A）：*钩1针短针，5针锁针，跳过2针；从*起重复钩织至本圈结束。首尾衔接。

第2圈（线B）：在5针锁针的镂空处钩1针短针，在下个5针锁针的镂空处钩［3针长针，3针锁针的狗牙针，3针锁针的狗牙针，3针锁针的狗牙针，3针长针］；从*起重复钩织至本圈结束。首尾衔接并藏缝线尾。

符号说明：
+ 短针
○ 锁针
┬ 长针

特殊针法（见第125页）：
🔆 3针锁针的狗牙针

在这部分继续学习如何将此前掌握的曼陀罗钩织方法转化为服装、配饰和家居用品。何不在每款作品中大胆尝试不同的曼陀罗花样，尽情体验各种配色打造出的个性作品呢？

创意作品

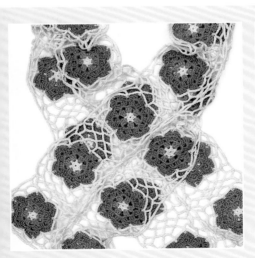
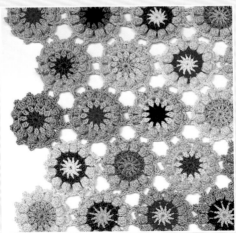
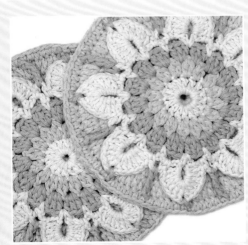

波西米亚背包

这款漂亮的波西米亚风格背包是利用"薄荷比萨"曼陀罗花样钩织而成的,具体方法参见第48页。

钩针:J-10(6mm)

双色粗棉线:

线A:75m

线B:225m

缝合针

符号说明:

⊖ 锁针　　＋ 短针

• 引拔针　　Ⅴ 长针1针分2针

┃ 长针　　◀ 行首起始点

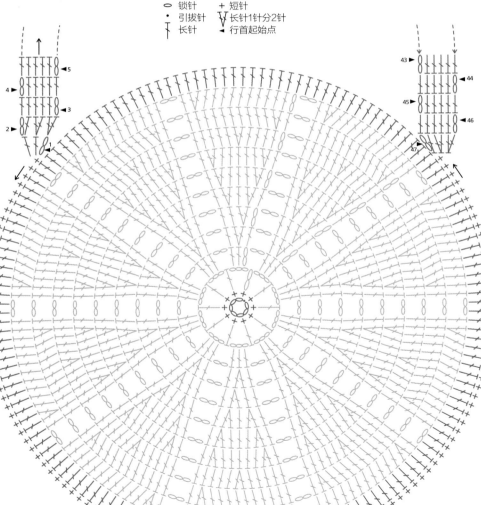

前后片

钩织两片"薄荷比萨"曼陀罗。按照花样的第1~12圈进行钩织,不要钩织第13圈。

前后片衔接方法

在任一2针锁针的镂空处2针长针的第1针上开始钩织本圈。

将前后两片正面相对并在一起。同时穿过两片曼陀罗的里侧线圈钩织1针短针。沿曼陀罗的边缘继续照此方法钩织,直至曼陀罗的7个三角图案均完成衔接。剩余的3个三角形将作为背包的开口。

背带钩织法

第1行:在背包开口的任一拐角处钩3针长针。翻面。

第2行:在每针上钩长针1针分2针。翻面。

第3行:在每针上钩1针长针。翻面。

第4~46行:方法同第3行。

第47行:在背包开口的另一拐角处按照如下方法钩织,从而将背带与拐角进行衔接:钩[长针2针并1针]重复3次。

打结。

收尾整理

将背包翻回正面,并在两侧将背带的前7行与背包两侧衔接起来。

隔热垫

这款隔热垫由两片曼陀罗织片构成，在最后一圈进行衔接（第7圈）。

钩针：7
（4.5mm）

三色阿兰中粗哑光棉线：
线A：36.5m
线B：128m
线C：27.5m

缝合针

符号说明：
○ 锁针
• 引拔针
┊ 长针
◇ 长针2针并1针
+ 短针
◀ 每圈起始点

特殊针法（参见第125页）：
┋ 3卷长针

前片

起针（线A）：打一个魔术环或钩织5针锁针，在第1针锁针上引拔衔接成环。

第1圈：沿起针环钩16针长针。首尾衔接。

第2圈（线B）：在每针上钩［长针2针并1针，1针锁针］重复16次。首尾衔接。

第3圈（线C）：在每1针锁针的镂空处钩3针长针。首尾衔接。

第4圈（线A）：*在2个3针长针的玉编间钩［1针短针，7针锁针，1针短针］，4针锁针，在下2个3针长针的玉编间的镂空处钩1针短针，4针锁针；从*起重复7次。首尾衔接。

第5圈：在第2个4针锁针的镂空处开始钩织。*在4针锁针的镂空处钩1针短针，在7针锁针的镂空处钩［6针长针，2针锁针，6针长针］，在4针锁针的镂空处钩1针短针，3针锁针；从*起重复7次。首尾衔接。

第6圈（线C）：*在2针锁针的镂空处钩1针短针，6针锁针，在3针锁针的镂空处钩1针3卷长针，6针锁针；从*起重复7次。首尾衔接。

打结并藏缝线尾。

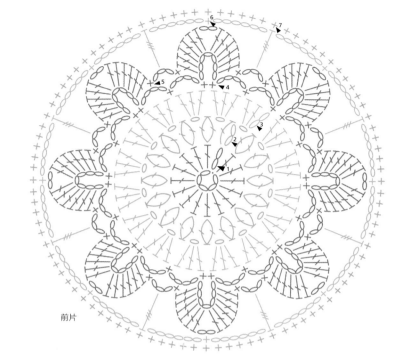

前片

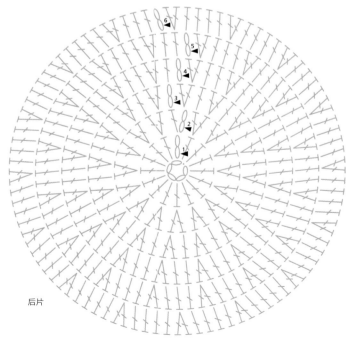

后片

后片

起针（线B）： 打一个魔术环或钩织5针锁针，在第1针锁针上引拔衔接成环。

第1圈： 沿起针环钩16针长针。首尾衔接。

第2圈： 每针上钩长针1针分2针。首尾衔接。

第3圈： *钩1针长针，长针1针分2针；从*起重复16次。首尾衔接。

第4圈： *钩2针长针，长针1针分2针；从*起重复16次。首尾衔接。

第5圈： *钩3针长针，长针1针分2针；从*起重复16次。首尾衔接。

第6圈： *钩4针长针，长针1针分2针；从*起重复16次。首尾衔接。

打结并藏缝线尾。

前后片衔接方法

将两织片正面朝上并在一起，按照花样要求同时在两片曼陀罗上钩织衔接。

第7圈： *在3卷长针上钩1针短针，在6针锁针的镂空处钩5针短针，在下针上钩1针短针，在6针锁针的镂空处钩5针短针；从*起重复7次。首尾衔接。打结并藏缝线尾。

提示： 钩织一条简单的挂环，就可以把它挂起来了。

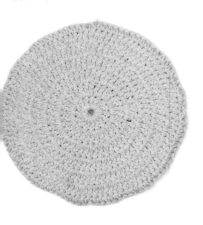

餐垫

这款餐垫是基于经典曼陀罗花样"池塘卵石"（参见第46页）钩织而成的。共需钩织35片迷你曼陀罗织片，分为4种颜色。既可以一边钩织一边进行衔接，也可以完成所有织片后再利用缝合针进行衔接。

钩针：7
（4.5mm）

四色阿兰中粗哑光棉线：
线A：45.75m
线B：45.75m
线C：45.75m
线D：41m

缝合针（可选）

按照如下数量分别钩织4种颜色的"池塘卵石"曼陀罗织片，共计35片。

线A：9片
线B：9片
线C：9片
线D：8片

起针： 打一个魔术环或钩织4针锁针，在第1针锁针上引拔衔接成环。

第1圈： 沿起针环钩12针长针。首尾衔接。

第2圈： 每针上钩后侧线圈长针1针分2针。首尾衔接。

钩织衔接法

每片曼陀罗均通过2针长针与其他织片进行衔接，具体方法是：同时在当前织片和相邻织片对应长针的后排线圈上钩织长针。每片织片最多可与4片织片进行衔接，衔接花样如下：

4针常规长针，2针衔接长针，4针常规长针，2针衔接长针，4针常规长针，2针衔接长针，4针常规长针，2针衔接长针。

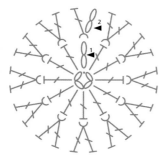

符号说明：
○ 锁针
· 引拔针
† 长针
⊥ 后侧线圈长针
◄ 每圈起始点

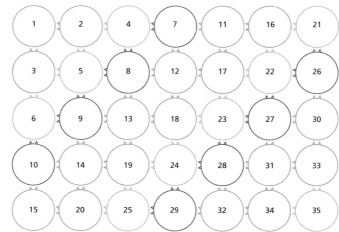

1	2	4	7	11	16	21
3	5	8	12	17	22	26
6	9	13	18	23	27	30
10	14	19	24	28	31	33
15	20	25	29	32	34	35

织片位置图解

夏日围巾

这款轻盈而精致的夏日围巾是基于第52页"拉贾斯坦"曼陀罗花样的前5圈进行钩织的。

钩针：G-6（4mm）

三色细哑光棉线：
线A：90m
线B：1.8m
线C：7m
以上为单元片用线量
缝合针

起针（线A）： 打一个魔术环或钩织4针锁针，在第1针锁针上引拔衔接成环。

第1圈： 沿起针环钩6针短针。首尾衔接。

第2圈：［引拔1针，钩3针锁针］重复6次。首尾衔接。

第3圈（线B）：［在3针锁针的镂空处钩3针长针，3针锁针］重复6次。首尾衔接。

第4圈（线C）： *在3针锁针的镂空处钩［3针长针，2针锁针，3针长针］；从*起重复5次。首尾衔接。

第5圈： *在两个玉编间的镂空处钩1针短针，在2针锁针的镂空处钩［3针长针，3针锁针，3针长针］；从*起重复5次。首尾衔接。

第6圈（线A）： *在3针锁针的镂空处钩1针短针，5针锁针，跳过3针，在短针上钩1针短针，5针锁针，跳过3针；从*起重复5次。首尾衔接。

第7圈： 钩1针锁针，*在短针上钩1针短针，7针锁针，在下针上钩1针长针，7针锁针；从*起重复4次，在短针上钩1针短针，7针锁针，在下针上钩1针长针，2针锁针，在本圈第1针上钩1针3卷长针。

第8圈： 钩1针锁针，*在7针锁针的镂空处钩［1针短针，7针锁针，1针短针］，7针锁针，在下个7针锁针的镂空处（拐角）钩［1针3卷长针，7针锁针，1针3卷长针］，7针锁针；从*起重复3次。首尾衔接。

打结并藏缝线尾。

共需钩织24片织片，也可根据编织者对围巾长度和宽度的偏好增加更多织片。

织片衔接

织片衔接建议采用边钩织边衔接的方法。衔接位置请参照图解。利用简单的引拔针进行衔接即可，但需注意织片衔接时应保持对称。

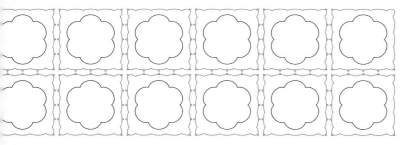

符号说明：
◦ 锁针
• 引拔针
+ 短针
┃ 长针
◀ 每圈起始点

特殊针法（参见第125页）：
┃ 3卷长针

盖毯

这款毯子的基本钩织方法源于"爆米花"曼陀罗花样（参见第68页）的前3圈，但在钩织第3圈时需稍加变化。书中所示的范例由94片织片构成，也可以根据实际需要进行拓展。这款毯子需边钩织边衔接。几乎所有的毛线颜色（黑色除外）都可以大胆地应用于这款盖毯，但切记在第3圈选用糖果色，以确保织品整体的和谐统一。

钩针：D-3（3.25mm）

三色细丝光棉线：

线A：1.25m

线B：2m

线C：6.4m

以上为单元片用线量

缝合针

符号说明：

⚬ 锁针

† 引拔针

╪ 长针

⋀ 长针2针并1针

◀ 每圈起始点

特殊针法（参见第125页）：

🌼 爆米花针

🌀 5针锁针的狗牙针

起针（线A）：打一个魔术环或钩织5针锁针，在第1针锁针上引拔衔接成环。

第1圈：［沿起针环钩1针长针，1针锁针］重复12次。首尾衔接。

第2圈（线B）：［在1针锁针的镂空处钩长长针2针并1针，2针锁针］重复12次。首尾衔接。

第3圈（线C）：*在2针锁针的镂空处钩1针爆米花针，5针锁针的狗牙针，4针锁针；从*起重复11次。首尾衔接。

织片衔接

织片衔接位置请参照图解。即将完成的织片需在钩织第3圈爆米花针顶部狗牙针时进行衔接，具体方法如下：钩2针锁针，在相邻织片5针锁针的镂空处钩1针锁针，2针锁针，在爆米花针上引拔1针，完成狗牙针，继续按照花样钩织，并在指定位置照此方法衔接。

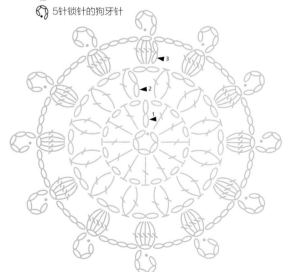

织片位置图解

地垫

这款地垫是由超粗布条钩织而成的。钩织花样与"炫彩缤纷"曼陀罗花样（参见第60页）相同，但采用了不同的配色方案。

钩针：N-15（10mm）

四色超粗布条：
线A：480m
线B：20m
线C：70m
线D：120m

大号缝合针

线 A：白色
线 B：炭灰色
线 C：薄荷绿色
线 D：浅灰色

以下为这款地垫的换线方法：

起针至第1~3圈：线A
第4圈：线B
第5~6圈：线A
第7圈：线B
第8~9圈：线A
第10圈：线C
第11~13圈：线A
第14圈：线D
第15圈：线A
第16圈：线C
第17圈：线A
第18~19圈：线D
第20~24圈：线A

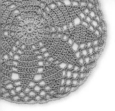

叶片蕾丝毯

这款毯子共由三种织片图案构成：整幅织片（第78页的"叶片蕾丝"曼陀罗花样，形成一个完整的六边形），以及由这款六边形织片演化而成的两款半幅织片。完成所有整幅六边形和半幅六边形的钩织后，可视需要进行平整处理。之后便可以开始添加第12圈，同时进行织片间的衔接。参照图解确定织片的整体位置布局。这款毯子共由38片整幅织片、12片半幅织片A、8片半幅织片B以及边饰构成。这确实是一项大工程，但最终的成品一定会令人感到所有付出都是如此值得！

钩针：G-6
（4mm）
中粗哑光棉线：
线A：77.75m
彩色
线B：18.25m
白色
以上为单元片用
线量

缝合针

符号说明：
◦ 锁针
• 引拔针
︱ 长针
⋀ 长针2针并1针
⋀ 长针3针并1针
+ 短针
◂ 每行起始点

特殊针法（参见第125页）：
⑬ 3针锁针的狗牙针
⑮ 5针锁针的狗牙针

六边形叶片蕾丝（整幅织片：共计38片）

第1~11圈（线A）： 根据第78页"叶片蕾丝"曼陀罗花样进行钩织。

半幅六边形叶片蕾丝（织片A：共计12片）

起针（线A）： 打一个魔术环或钩织4针锁针，在第1针锁针上引拔衔接成环。

第1行： 钩3针锁针（记作1针长针，1针锁针），［沿起针环钩1针长针，1针锁针］重复5次，沿起针环钩1针长针。翻面。

第2行： 钩3针锁针，［长针1针分2针，1针锁针］重复6次，1针长针。翻面。

第3行： 钩2针锁针，在同一针上钩1针长针，［3针锁针，长针2针并1针，3针锁针，1针长针，长针1针分2针］重复2次，3针锁针，长针2针并1针，3针锁针，长针1针分2针。翻面。

第4行： 钩2针锁针，长针1针分2针，3针锁针，［1针长针，3针锁针，长针1针分2针，1针长针，长针1针分2针，3针锁针］重复2次，1针长针，3针锁针，长针1针分2针，1针长针。翻面。

第5行： 钩2针锁针，1针长针，长针1针分2针，3针锁针，1针长针，3针锁针，［长针1针分2针，1针长针，长针1针分2针，1针长针，长针1针分2针，3针锁针，1针长针，3针锁针］重复2次，长针1针分2针，2针长针。翻面。

第6行： 钩2针锁针，3针长针，3针锁针，*在下针上钩［1针长针，3针锁针，1针长针］，3针锁针，8针长针，3针锁针；从*起重复1次，在下针上钩［1针长针，3针锁针，1针长针］，3针锁针，4针长针。翻面。

第7行： 钩2针锁针，1针长针，长针2针并1针，

*3针锁针，1针长针，在3针锁针的镂空处钩3针长针，1针长针，3针锁针，长针2针并1针，4针长针，长针2针并1针；从*起重复1次，3针锁针，1针长针，在3针锁针的镂空处钩3针长针，1针长针，3针锁针，长针2针并1针，2针长针。翻面。

第8行： 钩2针锁针，长针2针并1针，5针锁针，*［长针1针分2针，1针长针］重复2次，长针1针分2针，5针锁针，长针2针并1针**，2针长针，长针2针并1针，5针锁针；从*起重复1次，然后从*至**钩织1次，最后1针上钩1针长针。翻面。

第9行： 钩长针2针并1针的立针，5针锁针，在5针锁针的镂空处钩1针短针，*5针锁针，［长针2针并1针，1针长针］重复2次，长针2针并1针，5针锁针，在5针锁针的镂空处钩1针短针，5针锁针**，［长针2针并1针］重复2次，5针锁针，在5针锁针的镂空处钩1针短针；从*起重复1次，然后从*至**钩织1次，长针2针并1针。翻面。

第10行： 钩7针锁针（记作1针长针，5针锁针），在5针锁针的镂空处钩1针短针，5针锁针，在5针锁针的镂空处钩1针短针，*5针锁针，长针2针并1针，1针长针，长针2针并1针，［5针锁针，在5针锁针的镂空处钩1针短针］重复2次，5针锁针，长针2针并1针，［5针锁针，在5针锁针的镂空处钩1针短针］重复2次**；从*起重复钩织1次，然后从*至**钩织1次，5针锁针，最后1针上钩1针长针。翻面。

第11行： 钩［5针锁针，在5针锁针的镂空处钩1针短针］重复3次，5针锁针，长针3针并1针，［5针锁针，在5针锁针的镂空处钩1针短针］重复6次，5针锁针，长针3针并1针，［5针锁针，在5针锁针的镂空处钩1针短针］重复3次，3针锁针，最后1针上钩1针长针。打结并藏缝线尾。

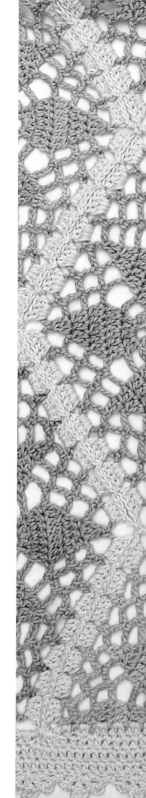

半幅叶片蕾丝（织片B：共计8片）

起针（线A）： 打一个魔术环或钩织4针锁针，在第1针锁针上引拔针衔接成环。

第1行： 钩3针锁针（记作1针长针，1针锁针），［沿起针环钩1针长针，1针锁针］重复6次，沿起针环钩1针长针。翻面。

第2行： 钩3针锁针，［长针1针分2针，1针锁针］重复5次，1针长针。翻面。

第3行： 钩5针锁针（记作1针长针，3针锁针），［1针长针，长针1针分2针，3针锁针，长针2针并1针，3针锁针］重复2次，1针长针，2针长针，3针锁针，最后1针上钩1针长针。翻面。

第4行： 钩5针锁针，*长针1针分2针，1针长针，长针1针分2针，3针锁针，1针长针**，3针锁针；从*起重复1次，然后从*至**钩织1次。翻面。

第5行： 钩5针锁针，［（长针1针分2针，1针长针）重复2次，长针1针分2针，3针锁针，1针长针，3针锁针］重复2次，［长针1针分2针，1针长针］重复2次，长针1针分2针，3针锁针，1针长针。翻面。

第6行： 钩3针锁针，在同一针上钩1针长针，*3针锁针，8针长针，3针锁针**，在下针上钩［1针长针，3针锁针，1针长针］；从*起重复1次，然后从*至**钩织1次，最后1针上钩［1针长针，1针锁针，1针长针］。翻面。

第7行： 钩2针锁针，在1针锁针的镂空处钩1针长针，1针长针，*3针锁针，长针2针并1针，4针长针，长针2针并1针，3针锁针，1针长针**，在3针锁针的镂空处钩3针长针，1针长针；从*起重复1次，然后从*至**钩织1次，在1针锁针的镂空处钩1针长针，最后一针上钩1针长针。翻面。

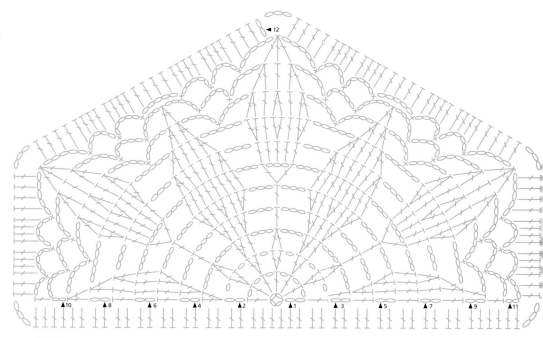

织片A

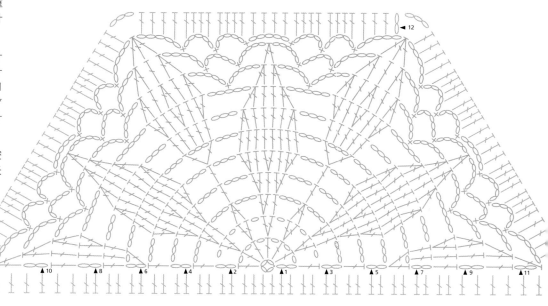

织片B

第8行：钩2针锁针，1针长针，长针1针分2针，*5针锁针，长针2针并1针，2针长针，长针2针并1针，5针锁针**，[长针1针分2针，1针长针]重复2次，长针1针分2针；从*起重复1次，然后再从*至**钩织1次，在下针上的长针1针分2针，2针长针。翻面。

第9行：钩2针锁针，1针长针，长针2针并1针，5针锁针，在5针锁针的镂空处钩1针短针，*5针锁针，[长针2针并1针]重复2次，5针锁针，在5针锁针的镂空处钩1针短针，5针锁针**，[长针2针并1针，1针长针]重复2次，长针2针并1针，5针锁针，在5针锁针的镂空处钩1针短针；从*起重复1次，然后再从*至**钩织1次，长针2针并1针，2针长针。翻面。

第10行：钩2针锁针，长针2针并1针，[5针锁针，在5针锁针的镂空处钩1针短针]重复2次，*5针锁针，长针2针并1针，[5针锁针，在5针锁针的镂空处钩1针短针]重复2次，5针锁针**，长针2针并1针，1针长针，[5针锁针，在5针锁针的镂空处钩1针短针]重复2次；从*起重复1次，然后再从*至**钩织1次，长针2针并1针，在最后1针上钩1针长针。翻面。

第11行：钩长针2针并1针的立针，[5针锁针，在5针锁针的镂空处钩1针短针]重复6次，5针锁针，长针3针并1针，[5针锁针，在5针锁针的镂空处钩1针短针]重复6次，5针锁针，长针3针并1针，[5针锁针，在5针锁针的镂空处钩1针短针]重复6次，5针锁针，长针2针并1针。打结并藏缝线尾。

织片衔接
在钩织第12圈时将织片进行衔接。

整幅织片衔接方法
在第11圈长针3针并1针后的第1个5针锁针的镂空处开始钩织本圈。

[在后续7个5针锁针的镂空处各钩4针长针，3针锁针]重复6次。衔接。

半幅织片衔接法
　在处理毯子四边时，先按照上述方法完成所有整幅织片的衔接。较长底边

一侧的衔接方法：在每针长针上钩长针1针分2针，在半幅六边形中心（魔术环）或4针锁针的镂空处加钩2针长针，共计46针长针。

　在织片衔接处，沿相邻织片边缘，在各对应的4针长针的玉编间引拔1针。在3针锁针拐角处，将3针锁针拐角位置的2针锁针改为每2针织片间引拔1针，从而完成3片织片的衔接。如在3针锁针拐角处仅有2片织片进行衔接，则将1针锁针改为在相邻织片间引拔1针。

边饰

这款毯子的边饰在第103页经典边饰的基础上进行了加宽处理，同时为边饰添加了拐角。

第1圈：这一圈需确保织毯四边保持平直。根据钩织线以及钩织习惯，更换适当的钩针型号，以避免毯子边缘出现皱褶或紧绷现象。

沿四边每针长针上各钩1针长针，在各织片衔接的2针锁针的镂空处各钩2针长针，四角3针锁针的镂空处各钩3针长针。

第2、3圈：在每针长针上各钩1针长针，但四个拐角处需在前一圈拐角3针长针的中间一针上钩长针1针分3针。

如希望加宽边饰，可多次重复钩织本圈，直至所需宽度。

第4圈：*钩1针短针，跳过2针，在同一针上钩[1针长针，3针锁针的狗牙针，1针锁针，5针锁针的狗牙针，1针锁针，1针长针，3针锁针的狗牙针，1针锁针，1针长针]，跳过下2针**；从*起重复至拐角处。衔接。

拐角处的钩织方法：在同一针上钩[（1针长针，3针锁针的狗牙针，1针锁针）重复2次，1针长针，5针锁针的狗牙针，1针锁针，（1针长针，3针锁针的狗牙针，1针锁针）重复2次，1针长针]，跳过下2针，继续根据花样从*至**所述方法钩织至下个拐角处。衔接。

打结并藏缝线尾。

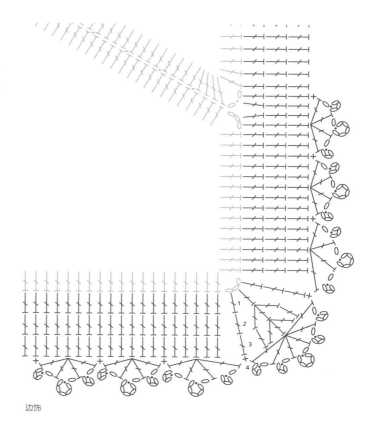

边饰

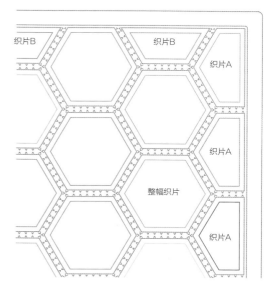

织片B　　织片B

织片A

织片A

整幅织片

织片A

织片位置图解

符号与缩写说明

此处介绍了书中涉及的各种符号与缩写说明。由于目前并没有通用的国际标准，所以有可能在其他出版物中会出现与本书不同的符号与缩写。切记花样仅表示所用针法及其组合结构，并不一定与最终成品的外观保持一致。在阅读花样时请务必配合文字说明进行理解。

美制/英制术语对照表

如下所示，部分英制术语与美制术语存在差异。如不了解两者的区别，在遇到采用英制术语的花样时往往难以理解。

符号	美制	英制	英制缩写
+	single crochet	double crochet	dc
T	half double	half treble	htr
⊤	double	treble	tr
⊤	treble	double treble	dtr
⊤	double treble	triple treble	ttr
⊤	quintuple treble	sextuple treble	sextr

常用针法、符号及其缩写说明

以下为本书使用到的基础针法。具体钩织步骤及技法请参见第20~24页。

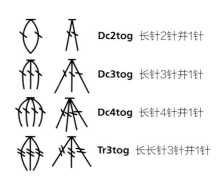

- ⬭ **Ch** 锁针
- ● **Sl st** 引拔针
- + **Sc** 短针
- **Hdc** 中长针
- **Dc** 长针
- **Tr** 长长针
- ⌒ **Bl** 后侧线圈针
- ⌣ **Fl** 前侧线圈针
- **Dc2tog** 长针2针并1针
- **Dc3tog** 长针3针并1针
- **Dc4tog** 长针4针并1针
- **Tr3tog** 长长针3针并1针

特殊针法

除基础针法外，部分曼陀罗花样还会用到一些特殊针法，此类针法通常比基础针法略显复杂，或平时很少遇到。在用到特殊针法时，本书会在花样说明处标示特殊针法缩写表。

3卷长针：挂3圈线，将钩针插入指定位置，再次挂线并引出1个线圈。[挂线，同时引过钩针上的2个线圈]重复4次。

逆短针：也称为反向短针。由左向右钩织，将钩针向右插入下一针，挂线，引出1个线圈，再次挂线，同时引过钩针上的2个线圈。

5针长针的爆米花针：可根据个人偏好，在以下两种方法中任选其一。

方法A：在指定位置钩5针长针，将钩针退出线圈，钩针从前向后再次插入5针长针中第1针长针的顶部，挂住此前退出的线圈并将其引过第1针，钩1针锁针固定。

方法B：在指定位置钩5针长针，织品翻面（钩针上仍保留1个线圈），将钩针插入第1针长针，挂线，同时引过第1针长针和钩针上的线圈，再将织品翻回正面，继续钩织。

3针锁针的狗牙针：钩3针锁针，在第1针锁针上引拔1针。

4针锁针的狗牙针：钩4针锁针，在第1针锁针上引拔1针。

5针锁针的狗牙针：钩5针锁针，在第1针锁针上引拔1针。

泡芙针：[挂1圈线，将钩针插入指定位置并引出1个线圈]在同一位置重复3次。此时钩针上共挂有7圈线。再次挂线并同时引过所有线圈。

外钩中长针（由前侧入针，围绕针柱钩织中长针）：挂线，从前向后，围绕下一行针柱入针并绕回织品前侧。挂线并引出1个线圈。再次挂线，同时引过钩针上的所有线圈。

外钩长针（由前侧入针，围绕针柱钩织长针）（参见第22页）：挂线，从前向后，围绕下一行针柱入针并从右向左绕回织品前侧。挂线并引出1个线圈。[再次挂线，同时引过钩针上的2个线圈]重复2次。

外钩长长针（由前侧入针，围绕针柱钩织长长针）：挂2圈线，从前向后，围绕下一行针柱入针并从右向左绕回织品前侧。挂线并引出1个线圈。[再次挂线，同时引过钩针上的2个线圈]重复3次。

外钩4卷长针（由前侧入针，围绕针柱钩织4卷长针）：挂4圈线，从前向后，围绕下一行针柱入针并从右向左绕回织品前侧。挂线并引出1个线圈。[再次挂线，同时引过钩针上的2个线圈]重复5次。

外钩6卷长针（由前侧入针，围绕针柱钩织6卷长针）：挂6圈线，从前向后，围绕下一行针柱入针并绕回织品前侧。挂线并引出1个线圈。[再次挂线，同时引过钩针上的2个线圈]重复7次。

内钩中长针（由后侧入针，围绕针柱钩织中长针）：挂线，从后向前，围绕下一行针柱入针并绕回织品后侧。挂线并引出1个线圈。再次挂线，同时引过钩针上的所有线圈。

内钩长针（由后侧入针，围绕针柱钩织长针）（参见第22页）：挂线，从后向前，围绕下一行针柱入针并从右向左绕回织品后侧。挂线并引出1个线圈。[再次挂线，同时引过钩针上的2个线圈]重复2次。

双环针（绑定两圈线环的短针）：双环针以短针针法为基础，通过扭针形成成圈圈线环。在左手食指上绕2圈线。将钩针插入下一针，与常规钩织方法成反方向在钩针上挂1圈线（逆时针），将钩针插入左手食指后侧的两个线圈，从左手食指后侧将2个线圈和钩针上的挂线（共计3个线圈）同时引过该针。此时钩针上同时挂有4个线圈。继续按照常规方法钩织短针：挂线并引过钩针上的所有线圈。将2个线环退出左手食指即完成该针的钩织。如需钩织成对双环针，图示会在双环针标志下增加"V"形符号。

致谢

　　我由衷地感谢可爱的Quarto工作人员：莉莉·加塔克（Lily de Gatacre），凯特·柯比（Kate Kirby），杰基·帕尔默（Jackie Palmer），维多利亚·莱尔（Victoria Lyle），茱莉亚·肖恩（Julia Shone），乔治亚·彻丽（Georgia Cherry），以及这个优秀团队的所有人，是他们将本书的每一个细节都做到完美。

本书作品线材提供（注意：书中所用线材只是作为读者编织时的指导，由于使用线材的不同，最终的成品效果可能存在差异。）

DMC Creative World Ltd
Unit 21 Warren Park Way
Warrens Park, Enderby
Leicester LE19 4SA
UNITED KINGDOM
+44 116 275 4000

Scaapi
Oranjelaan 33
3971 HD Driebergen-Rijsenburg
Netherlands
+31 6-10218073